Werner Hemm • Stefan Mair

Die Komplex-Biochemie

Werner Hemm • Stefan Mair

Die Komplex-Biochemie

Therapie mit kombinierten Mitteln
auf der Grundlage der biochemischen
Heilweise nach Dr. Schüßler

Foitzick Verlag
Augsburg

Wichtiger Hinweis: Die Autoren haben große Sorgfalt auf die (therapeutischen) Angaben, insbesondere Dosierung, Indikationen und Warnhinweise verwendet. Dennoch entbindet dies den Anwender dieses Werkes nicht von seiner eigenen Verantwortung bezüglich seiner Verordnungen.

Bibliografische Information der Deutschen Bibliothek
Die Deutsche Bibliothek verzeichnet diese Publikation in der Deutschen Nationalbibliografie; detaillierte bibliografische Daten sind im Internet unter <http://dnb.d-nb.de> abrufbar.

Projektleitung: Andreas Beutel
Gestaltung, Satz: paper-back GmbH, München
Druck: Buchproduktion Thomas Ebertin, Uhldingen/Bodensee
Umschlaggestaltung: Prinz 5 GmbH, Augsburg
Umschlagfoto: Istockphoto.com © joannawnuk

ISBN 978-3-929338-76-8
1. Auflage 2006 Foitzick Verlag, Augsburg
2. Auflage 2008 Foitzick Verlag, Augsburg

Inhaltsverzeichnis

Einführung in die Bicomplex-Therapie 7

Vom Umgang mit dem Buch 11

Mittelbeschreibungen 13

Rezeptierteil 117

Literatur 160

Glossar 161

Übersicht mit PZN 169

Stichwortverzeichnis 170

Einführung in die Bicomplex-Therapie

Die Heilweise mit biochemischen Komplexmitteln hat seit über achtzig Jahren Bestand. Sie wurde vom biochemisch arbeitenden Arzt Dr. Konrad Grams ins Leben gerufen. Seine Veröffentlichung „Handbuch der Komplex-Biochemie" erschien in mehreren Auflagen ab dem Jahr 1922 bis 1928. Seit dieser Zeit gibt es auch die JSO Bicomplexe. Ihre Zusammensetzung wurde seither nur unwesentlich verändert.

Bereits zu seiner Zeit hat Dr. Grams erkannt, dass ein komplex zusammengesetztes Mittel eine eigene Wirkrichtung besitzt. Er schreibt:

„Unter Komplex-Biochemie verstehen wir die Vereinigung mehrerer Mineralsalze zu einem Mittel, welches zu den erkrankten Geweben oder dem erkrankten Körperteil in Beziehung steht. Es deckt gewissermaßen alle Krankheitserscheinungen der betreffenden Krankheit. ... Die Komplex-Biochemie ist auf die natürlichen Lebensgesetze aufgebaut."

Ein Komplexmittel mit überschaubarer Zusammensetzung wie ein JSO Bicomplex hat insgesamt eine eigene Wirkrichtung bzw. einen eigenen Wirkungsradius, der sich durch das Zusammenwirken der Einzelbestandteile neu ergibt. Neuere wissenschaftliche Aussagen bestätigen diese Ansicht: „Das Ganze ist mehr als die Summe seiner Teile."

In ähnlicher Weise sind die traditionellen Rezepturvorschriften der alten Heilkunde zu beurteilen. Diese fügen zum remedium cardinale (Mittel mit der Hauptwirkrichtung) jeweils ein remedium adjuvans (Unterstützungsmittel), ein remedium constituens (Mittel mit konstitutioneller und zusammenhaltender Wirkung) sowie ein remedium restituens (Arzneiträger, wie z.B. Milchzucker oder Alkohol) hinzu. In Teezusammenstellungen wurde überdies noch ein remedium corrigens (temperierendes, Form und Geschmack gebendes Mittel) verwendet.

Die sinnvolle Rezeptur eines solchen Medikamentes erzielt eine synergistische Wirkung der Einzelbestandteile mit einem eigenen Wirkungsradius. Auf ähnliche Art und Weise sind die JSO Bicomplexe mit ihrer Zusammensetzung zu verstehen. Für den Patienten erübrigt sich zudem die Einnahme mehrerer biochemischer Einzelmittel. Den Therapeuten ermöglicht ein biochemisches Komplexmittel eine biochemische Basistherapie im Hinblick auf eine bestimmte Indikation. In der jahrzehntelangen Praxis bewähren sich diese Mittel und werden zu Recht breit akzeptiert.

Die JSO Bicomplexe umfassen dreißig Mittel und stellen ein fundiertes Therapiekonzept dar. Sie werden in Tablettenform hergestellt und sind in Packungen zu 150 Tabletten im Handel.

Die Herstellung der JSO Bicomplexe:
Ein Komplexmittel mit überschaubarer Zusammensetzung wie ein JSO Bicomplex hat insgesamt eine eigene Wirkrichtung bzw. einen eigenen Wirkungsradius, der sich durch das Zusammenwirken der Einzelbestandteile neu ergibt.

Die potenzierten Einzelbestandteile eines JSO Bicomplexes werden bis zum vorletzten Potenzierungsschritt einzeln verrieben. Der letzte Potenzierungsschritt erfolgt bereits als Mischung. Diese Tatsache zeigt auf, dass jeder Jso Bicomplex einen für sich eigenen Wirkungsmechanismus bekommt.

Dosierung:
Bei schnell verlaufenden akuten Krankheiten lässt man alle 10–15 Minuten 1-2 Tabletten langsam im Mund zergehen. Die anschließende Dosierung beträgt 3- bis 5-mal täglich 2–5 Tabletten.

PZN:
Eine Übersicht der JSO Bicomplexe mit den Pharmazentralnummern findet sich im Anhang auf Seite 169.

Funktionstherapie mit den JSO Bicomplexen:

Bei den JSO Bicomplexen handelt es sich um biochemische Komplexmittel mit einer jeweils spezifischen Wirkrichtung.

Wie die biochemischen Einzelmittel sind die Bicomplexe Funktionsmittel im Sinne der traditionellen Naturheilkunde.

Diese stützt ihre Denkweise auf die Betrachtung einer funktionellen Physiologie und Pathologie. Folgerichtig stellen alle naturheilkundlichen Diagnoseverfahren eine Funktionsdiagnose dar. Daher müssen auch die therapeutischen Methoden der Naturheilkunde entsprechende Funktionsmittel aufweisen.

Vom Umgang mit dem Buch

Der Aufbau der Mittelbeschreibungen im Buch:

- *Kurzübersicht*
  Sie enthält in Schlagworte gefasste Informationen zu Indikationen des jeweiligen JSO Bicomplexes.

- *Basisinformationen*
  Sie geben Hinweise auf physiopathologische Zusammenhänge des jeweiligen Komplexmittels.

  Grundwirkungen der Einzelbestandteile
  Hier werden die Einzelmittel im Hinblick auf den Gesamtkomplex in ihren Einzelcharakteristiken kurz und prägnant dargestellt. Deshalb wird im Wesentlichen der Stichwortcharakter bevorzugt.

- *Wirkmechanismus*
  Darin wird die Richtung der organübergeordneten Funktionscharakteristik beschrieben. Die darin enthaltenen physiopathologischen Informationen bilden die Grundlage für das Verständnis des nachfolgenden Wirkungsradius.

- *Wirkungsradius*
  Dieser stellt die Indikationen auf der Grundlage des Wirkmechanismus in den wichtigsten Organsystemen dar.

- *Zusammenfassung*
  Sie beschreibt die essentielle Wirkung eines jeden JSO Bicomplexes in wenigen Worten.

Ranocalcin / Pflüger:

Acidum silicicum D2 (11)
Calcium carbonicum D1 (22)
Calcium fluoratum D4 (1)
Calcium phosphoricum D1 (2)
Ferrum phosphoricum D2 (3)
Zincum metallicum D10

Mittelbeschreibungen

JSO Bicomplex 1 – Abführmittel 14
JSO Bicomplex 2 – Blutmittel 18
JSO Bicomplex 3 – Darmmittel 22
JSO Bicomplex 4 – Drüsenmittel 26
JSO Bicomplex 5 – Krampfmittel 30
JSO Bicomplex 6 – Fiebermittel 34
JSO Bicomplex 7 – Innersekretorisches Mittel 38
JSO Bicomplex 8 – Gefäßmittel 41
JSO Bicomplex 9 – Gicht- und Rheumatismusmittel 44
JSO Bicomplex 10 – Haarmittel 48
JSO Bicomplex 11 – Hautmittel 50
JSO Bicomplex 12 – Herzmittel 54
JSO Bicomplex 13 – Knochenmittel 57
JSO Bicomplex 14 – Geschwürmittel 62
JSO Bicomplex 15 – Hustenmittel 65
JSO Bicomplex 16 – Magenmittel 1 (Hyperazidität) 68
JSO Bicomplex 17 – Magenmittel 2 (Hypazidität) 71
JSO Bicomplex 18 – Kräftigungsmittel 74
JSO Bicomplex 19 – Nerven- und Gehirnmittel 77
JSO Bicomplex 20 – Nierenmittel 80
JSO Bicomplex 21 – Schleimhautmittel 83
JSO Bicomplex 22 – Schwangerschaftsmittel 86
JSO Bicomplex 23 – Konstitutionsmittel 89
JSO Bicomplex 24 – Ausscheidungsmittel 92
JSO Bicomplex 25 – Wassersuchtmittel 96
JSO Bicomplex 26 – Blasenmittel 100
JSO Bicomplex 27 – Lebermittel 102
JSO Bicomplex 28 – Lymphmittel 106
JSO Bicomplex 29 – Muskelmittel 110
JSO Bicomplex 30 – Zahnmittel 114

JSO Bicomplex 1 – Abführmittel

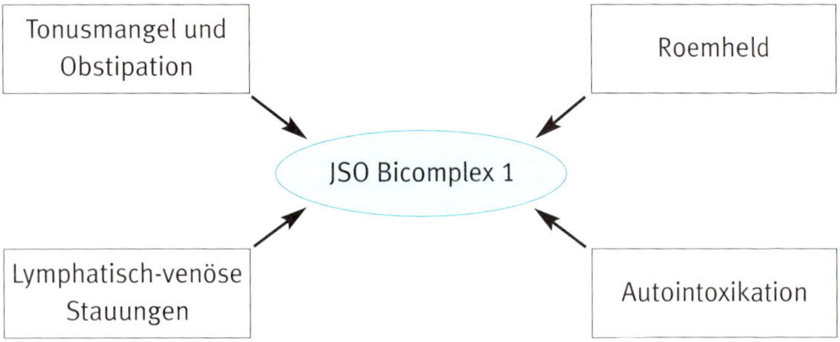

Die Darmtätigkeit mit ihrer eliminatorischen Funktion ist eine der wichtigsten Voraussetzungen im Hinblick auf Gesundheit und Krankheit. Tonusminderungen der Darmmuskulatur verringern die Ausscheidungsprozesse des Intestinums; die Folgen sind im Wesentlichen Selbstvergiftungsvorgänge. Diese wirken sich insbesondere im Lymph- und Venensystem, in den Schleimhäuten, der Leber und der Haut aus.
Der physiologische Entleerungsreiz des Darmes über den gastrokolischen Reflex wird durch eine Obstipation empfindlich gestört. Außerdem fällt die normale Beeinflussung des Wasserhaushaltes durch den Dickdarm weitgehend aus.

Grundwirkungen der Einzelbestandteile

Zusammensetzung

- Calcium fluoratum D12
- Natrium chloratum D6
- Natrium sulfuricum D6

jeweils 33,3 mg pro Tablette

Calcium fluoratum D12
Gibt den erschlafften Geweben Kraft und Festigkeit zurück.

Natrium chloratum D6
Fördert den Nährstrom der Gedärme; reguliert den Feuchtigkeitshaushalt und die Erregbarkeit der Zellen.

Natrium sulfuricum D6
Fördert den Klärstrom der Gedärme und reguliert deren elastische Kraft.

Wirkmechanismus

JSO Bicomplex 1 fördert die Darmfunktion und wirkt auf die Zustände aufgrund einer gestörten Darmtätigkeit. Diese treten durch Selbstvergiftung und reflektorische Störungen der mit dem Darm in Verbindung stehenden anderen Systeme auf. Davon betroffen sind zum Beispiel der Magen, das Lymphsystem, das Herz-Kreislauf-System (Roemheld-Syndrom) oder andere konsensuelle oder antagonistische Reaktionen.

Wirkungsradius

Atemwege

- Foetor ex ore
- Dyspnoe bei Meteorismus

Augen/Ohren/Sensorium

- Katarrhe und Schwindel als Ausdruck einer extraabdominellen Meteorismus-Symptomatik

Gastrointestinaltrakt

- Atonische Obstipation
- Mastdarmerschlaffung
- Megakolon
- Hämorrhoiden
- Afterjucken
- Divertikulose
- Analprolaps
- Analfissuren
- Magenerschlaffung
- Refluxösophagitis bei Kardiaschwäche
- Meteorismus
- Darmbedingte Leber- und Milzschwellung
- Missbrauch von Abführmitteln
- Dysbiose

Haut und Hautanhangsgebilde

- Vikariierende chronische Ausschläge und Ekzeme
- Entlastende Schweiße
- Fissuren
- Mundwinkelrhagaden
- Trockene, spröde Haare und Haarausfall
- Längsstreifen der Fingernägel und „Milzdellen“

Herz/Gefäße/Blut/Nerven

- Roemheld-Syndrom
- Prall gefüllte Venenplexus im Abdomen
- Venenerschlaffung, Krampfadern
- Autointoxikation durch Darmgifte
- Funktionsstörungen im intramuralen System

Lymphsystem

- Lymphatische Stauungen und Lymphödeme im Abdomen
- Chronische Appendizitis und Lymphangitis mesenterialis
- Proktitis durch lymphatische Stauungen

Muskulatur/Gelenke

- Erschlaffung der Bauchmuskulatur

JSO Bicomplex 1 optimiert die Darmtätigkeit, deren Ausscheidungsfunktion und die sich ergebenden Folgezustände.

JSO Bicomplex 2 – Blutmittel

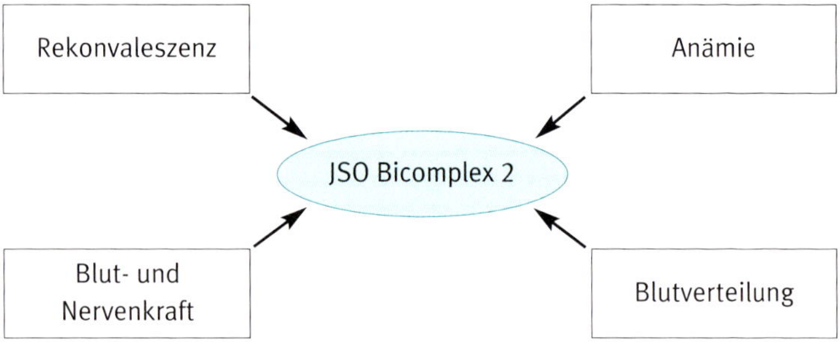

Das Blut dient dem Aufbau und der Struktur- und Energieerhaltung aller Systeme des Organismus. Es stellt auch die Energie für die Entgiftungsorgane zur Verfügung. Das Blut – als „Mutter" aller Organe – hat das Ziel, die gesamte Energietransformation aus Assimilation, Dissimilation und Elimination aufrecht zu erhalten. Eine schlechte Blutqualität vermindert die Ernährung aller übrigen Teile des Organismus. Alle Erkrankungen mit gleichzeitig geschwächtem Blutsystem erfordern grundsätzlich und primär die Therapie zur Verbesserung der Blutqualität, insbesondere auch die Verbesserung der Funktion des blutbereitenden Systems (Magen).

Grundwirkungen der Einzelbestandteile

Zusammensetzung

- Calcium phosphoricum D6
- Ferrum phosphoricum D6
- Kalium phosphoricum D6
- Natrium chloratum D6
- Silicea D12

  jeweils 20 mg pro Tablette

Calcium phosphoricum D6
Das Mittel fördert die plastische Kraft des Blutes. Dadurch wirkt es gegen die Anämie und das Anämiesyndrom. Das Mittel setzt übersteigerte dissimilatorische Prozesse herab und kräftigt dadurch das Blut.

Ferrum phosphoricum D6
Verbessert die Funktion des blutbereitenden und blutbildenden Systems.

Kalium phosphoricum D6
Über die Stabilisierung der Blutbestandteile wirkt es als Grundlage für die Erhaltung der Lebenskraft. In der traditionellen Naturheilkunde gilt das Blut als Träger der Lebenskraft.

Natrium chloratum D6
Verbessert die Nutritionskraft des Blutes und wirkt einer Anämie, Blutverwässerung und unkräftigem Blut entgegen.

Silicea D12
Es optimiert die kolloidale Beschaffenheit des Blutes und verbessert seine Fließeigenschaften. Damit steigert das Mittel die Abwehrkraft.

Wirkmechanismus

JSO Bicomplex 2 verbessert die Funktion des blutbereitenden und blutbildenden Systems und die davon abhängigen Organsysteme. Es beeinflusst somit die Gefäße und die Nerventätigkeit, das Abwehrsystem, die Rekonvaleszenz und den Tonus der Teile.

Wirkungsradius

Atemwege
- Anämische Dyspnoe
- Beschleunigte, flache Atmung

Augen/Ohren/Sensorium
- Blauschwarze Verfärbung der Augenregion
- Blasse Skleren
- Gerötete Lidränder

Gastrointestinaltrakt
- Atonie und Hypazidität
- Magen- und Verdauungsschwäche
- Magenanämie

Haut und Hautanhangsgebilde
- Blässe der Haut und durchscheinende Adern
- Halonierte Augen
- Wundheilungsstörungen
- Haarausfall
- Brüchige Fingernägel; Nägel mit weißen Flecken und Querrillen

Herz/Gefäße/Blut/Nerven
- Anämie und Anämiesyndrom, auch in der Schwangerschaft
- Ökonomisiert den Energiehaushalt des Herzmuskels
- Tachykardien
- Hypotone Regulationsstörung mit Kollapsneigung

- Kopfschmerzsyndrome mit Blässe und Gefäßerschlaffung
- Ein- und Durchschlafstörungen
- Periphere Anämie
- Reizbare Schwäche
- Gedächtnisschwäche
- Konzentrationsstörungen
- Herabgesetzte psycho-nervale Widerstandsfähigkeit

Lymphsystem
- Rekonvaleszenzmittel
- Infektanfälligkeit

Muskulatur/Gelenke
- Müdigkeit und Erschlaffung der Muskulatur
- Bänderschwäche
- Osteoporose

Urogenitalsystem
- Amenorrhö
- Hypomenorrhö
- Potenzstörungen

JSO Bicomplex 2 verbessert die Blutqualität und die davon abhängigen und beeinflussten Funktionen.

JSO Bicomplex 3 – Darmmittel

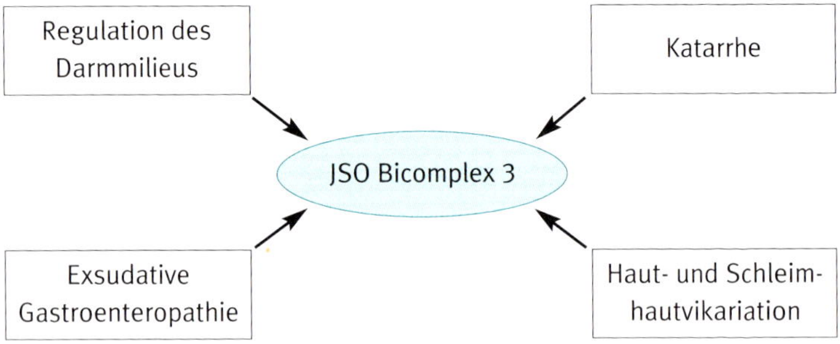

Das Darmmittel normalisiert das physiologische Schleimhautmilieu des gesamten Intestinums und damit die Flora im Magen-Darm-Trakt. Es stabilisiert die Membranleistung in Bezug auf das Schlussleistennetz der Schleimhäute und fördert damit die RES-Funktion der Intestinalschleimhaut. Das Mittel wirkt akuten und chronischen Katarrhen entgegen. In diesem Zusammenhang werden auch lymphatische Stauungen und Darmschärfen in ihrer pathologischen Wirkung herabgestimmt.

Grundwirkungen der Einzelbestandteile

Zusammensetzung

- Calcium phosphoricum D6
- Kalium phosphoricum D6
- Natrium phosphoricum D6
- Natrium sulfuricum D6

  jeweils 25 mg pro Tablette

Calcium phosphoricum D6
Das Mittel stabilisiert die Membranen der Verdauungsschleimhäute und wirkt damit gegen eine exsudative Gastroenteropathie.

Kalium phosphoricum D6
Als Energetikum der Verdauungsdrüsen normalisiert es Malabsorptionssyndrome und asthenische und nervöse Magen-Darm-Beschwerden.

Natrium phosphoricum D6
Das Mittel reguliert Säurekrämpfe, Ausscheidungskatarrhe und hyperkinetische Motilitätsstörungen.

Natrium sulfuricum D6
Durch die Förderung der Ausscheidung erhält es die Energie des Organismus. Es wirkt gegen Stockungen und Stauungen der Bauchlymphe und reinigt Leber und Milz.

Wirkmechanismus

JSO Bicomplex 3 normalisiert die Darmtätigkeit und die aus den Darmschleimhäuten extraepithelial entstandenen Drüsen wie der Leber und Bauchspeicheldrüse. Die Einwirkung ist primär und sekundär: Einerseits werden darmbedingte, andererseits durch Störungen anderer Ausscheidungsorgane bedingte Erkrankungen am Magen-Darm-Trakt günstig beeinflusst.

Wirkungsradius

Atemwege

- Chronische Atemwegskatarrhe durch Schärfen
- Foetor ex ore
- Dyspnoe bei Meteorismus

Augen/Ohren/Sensorium

- Xanthelasmen
- Neigung zur Starbildung
- Katarrhe durch gastroenterale Schärfen
- Neigung zu Gersten- und Hagelkorn

Gastrointestinaltrakt

- Verstärkte Neigung zu Gärungs- und Fäulnisprozessen
- Meteorismus
- Wechsel zwischen Diarrhö und Obstipation (Diarrhoea paradoxa)
- Intestinale Harnsäureaffektionen („Darmgicht")
- Refluxösophagitis
- Ausscheidungsgastritis mit Brennschmerzen
- Proktitis mit Hämorrhoiden
- Mastdarmerschlaffung
- Afterjucken
- Stockungen und Stauungen der Bauchlymphe
- Dyscholie und Störungen der Fettverdauung
- Dyskinesien der Gallenwege
- Fettleber
- Parasitenbefall des Darmes
- Divertikulose und Divertikulitis
- Dysbiose
- Diarrhö
- Morbus Crohn
- Colitis ulcerosa
- Colica mucosa
- Colon irritabile

Haut und Hautanhangsgebilde
- Hautreizungen durch scharfe Absonderungen
- Juckreiz
- Übelriechende Schweiße
- Starke Neigung zu Fußschweiß
- Fettige und schuppende Kopfhaut und Haare

Herz/Gefäße/Blut/Nerven
- Konsensuelle Erregung von Herz und Gefäßen, Palpitatio cordis
- Hypertone Regulationsstörungen
- Roemheld-Syndrom
- Brust- und Kopfkongestionen, auch klimakterische

Lymphsystem
- Lymphatisch-wässrige Ansammlungen im Abdomen

Muskulatur/Gelenke
- „Säurekrämpfe" und Muskelkater durch verminderte Ausscheidung
- Abdominell bedingte rheumatoide Beschwerden

Urogenitalsystem
- Harnsaure Harnwegsreizungen
- Prämenstruelles Syndrom
- Scharfe Absonderungen

JSO Bicomplex 3 reguliert die Schleimhauttätigkeit und deren Milieu bei abdominell und extraabdominell bedingten Krankheitsursachen.

JSO Bicomplex 4 – Drüsenmittel

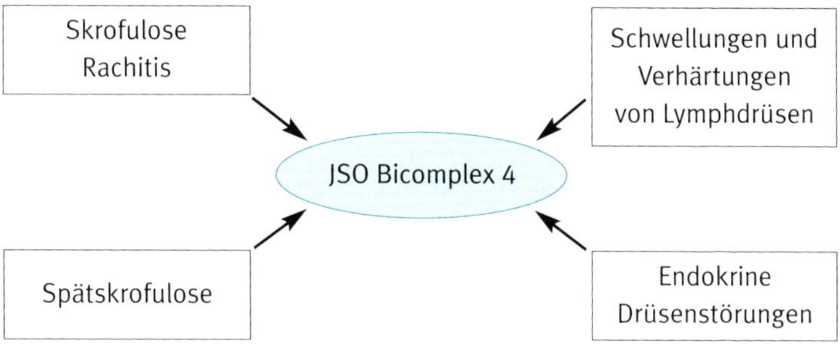

Dieses Mittel umfasst in seiner Wirkung die verwandtschaftliche Beziehung zwischen Lymph- und endokrinen Drüsen. Mittlerweile ist diese funktionelle Beziehung wissenschaftlich erhärtet. Lymphdrüsen beeinflussen den Lymph- und Säftefluss in einem motorähnlichen Prinzip. Veränderungen ihrer Funktion bewirken Durchflussstörungen und beeinträchtigen den Lymphfluss. Damit werden Erkrankungen des lymphopoetischen Systems wie auch des Abwehrsystems gefördert. Einerseits wird dadurch die Aufgabe der nährenden, andererseits die der reinigenden Lymphe verändert.

Grundwirkungen der Einzelbestandteile

Zusammensetzung

- Calcium fluoratum D12
- Calcium phosphoricum D6
- Kalium phosphoricum D6
- Natrium chloratum D6
- Silicea D12

  jeweils 20 mg pro Tablette

Calcium fluoratum D12
Drüsenstockung und -verhärtung. Befeuchtet und erweicht trockene und verhärtete Gewebe. Unterschiedlich große und harte Lymphdrüsen. Kleine und harte Lymphdrüsen, besonders im Nacken.

Calcium phosphoricum D6
Erethische Skrofulose und adenoide Vegetation. Unterschiedliche Konsistenz und Größe der Drüsen.

Kalium phosphoricum D6
Nervöse Erscheinungen bei Drüsenschwellungen. Konzentrationsstörungen. Schlafstörungen.

Natrium chloratum D6
Anabolikum. Reguliert den Säure-Basen-Haushalt. Sowohl Schwellungs- als auch Trocknungszustände.

Silicea D12
Erhält den Kolloidalzustand von Drüsen und Geweben. Drüseninsuffizienz mit reduzierter Infektabwehr. Unterstützt Leuko- und Lymphozytenbildung.
Abschlussmittel nach Entzündungen und Infektionen.

Wirkmechanismus

Im naturheilkundlichen Sinne beeinflusst das Drüsenmittel den physiopathologischen Formenkreis der Skrofulose, deren Hauptkriterium die Störungen im chylopoetischen System des Abdomens darstellt. Im engeren Sinne handelt es sich hierbei um Stockungen und Stauungen der Bauchlymphe, Absorptions- und Transportstörungen insbesondere des Lymphsystems. Mit den Störungen der Säftebildung allgemein wird eine Verminderung der „nährenden Lymphe" konstatiert; gleichzeitig wird im mesenchymalen Gewebe der Klärstrom und in den Ausscheidungsorganen die Elimination vermindert. Die Schleimhäute als Ausgleichsfelder zeigen nicht selten katarrhalische Reizungen.

Wirkungsradius

Atemwege

- Schleimhautreaktionen als Folge der adenoiden Vegetation
- Rachenmandelhyperplasie und Polypenbildung
- Unterbindung der Nasenatmung
- Exsudativ-allergische Reaktionen, z.B. Heuschnupfen
- Kindliches und allergisches Asthma
- Kruppöse Bronchitiden und Laryngitiden

Augen/Ohren/Sensorium

- Skrofulöse Lidrand- und Bindehautreizungen
- Rezidivierende chronische Otitis media mit und ohne Mastoiditis
- Hydrops im Mittelohr
- Tubenkatarrhe
- Mittelohrschwerhörigkeit
- Entwicklungsstörungen

Gastrointestinaltrakt

- Atonie und lymphatisch-wässrige Schwellungen im Abdomen
- Appetitstörungen
- Ausscheidungsstörungen
- Wechsel von Durchfall und Verstopfung
- Wurmbefall
- Zahn- und Kieferanomalien im Entwicklungsalter

Haut und Hautanhangsgebilde

- Exsudative und allergische Erscheinungen, insbesondere bei Störungen der Darmtätigkeit
- Milchschorf

Herz/Gefäße/Blut/Nerven

- Blutverwässerung
- Hypoplastisches Kreislaufsystem mit Stauung und Stockung im „Lymphokard“.

Lymphsystem
- Schwellungen und Verhärtungen der Lymphdrüsen
- Drüsenverstopfung und „Drüsenvergiftung“
- Pfeiffer-Drüsenfieber
- Erkrankungen der Mandeln und Bauchlymphdrüsen (Appendizitis, Lymphangitis)
- Steigert die Phagozytose
- Verbessert die Abwehrfähigkeit bei Autoimmunerkrankungen
- Rekonvaleszenz
- Folgen von Impfungen
- Dysfunktion aller endokrinen Drüsen
- Dysthyreose
- Struma
- Lymphangitis und -adenitis intestinalis und Schleimhautlymphatismus

Muskulatur/Gelenke
- Schlaffe Muskulatur und überdehnbare Gelenke
- Osteoporose
- Osteochondrose

Urogenitalsystem
- Skrofulöse Anlage des Urogenitalsystems (Hypoplasie)

JSO Bicomplex 4 verbessert die Gewebsernährung, die Gewebsentgiftung sowie die davon abhängige Abwehrleistung des Mesenchyms.

JSO Bicomplex 5 – Krampfmittel

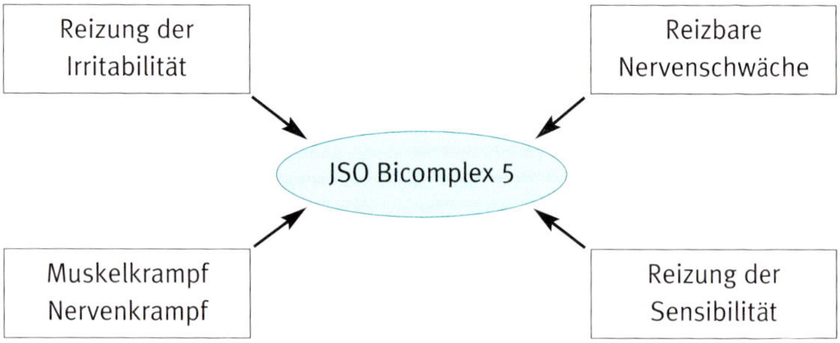

Das Nervensystem ist Vermittler zwischen Reizaufnahme und -beantwortung. Sowohl Veränderungen der Sensibilität als auch der Irritabilität sind in der Lage, das Muskelsystem als Erfolgsorgan der Erregbarkeit in einen höheren Erregungszustand zu versetzen. Durch die vermehrte neurale und humorale Impulsübertragung kommt es im Muskelgewebe zum Krampf.

Grundwirkungen der Einzelbestandteile

Zusammensetzung

- Calcium phosphoricum D6
- Kalium phosphoricum D6
- Natrium chloratum D6
- Magnesium phosphoricum D6
- Silicea D12

  jeweils 20 mg pro Tablette

Calcium phosphoricum D6
Reguliert die Calciumionisierung und dadurch die Impulsübertragung auf die Muskulatur; übersteigerte Wirkung des adrenergen Systems auf die muskulären Strukturen. Stabilisiert Membranen in der motorischen Endplatte. Nervenerschöpfung durch vorausgegangene nervöse Übererregung.

Kalium phosphoricum D6
Erhöhung der Muskelsensibilität. Muskelunruhe. Zuckungen. Krämpfe. Energieerhaltung und Kräftigung nervaler Strukturen.

Natrium chloratum D6
Reguliert die Erregbarkeit der Muskelfaser. Kräftigung der Nerven durch Verbesserung der Assimilation.

Magnesium phosphoricum D6
Vermindert die übersteigerte muskuläre Erregbarkeit. Alle Krampf- und Schmerzzustände. Reguliert den Energiehaushalt der Nerven.

Silicea D12
Optimiert die Kolloidalstruktur des Muskelgewebes und reguliert den Energiehaushalt.

Wirkmechanismus

Die Wirkung des Krampfmittels erstreckt sich auf den Ausgleich zwischen Sensibilität und Irritabilität der Gewebe. Somit wird der Energiehaushalt in den Nerven- und Funktionsgeweben ökonomisiert. Das Mittel ist Basistherapeutikum bei allen Krampfzuständen.

Wirkungsradius

Atemwege

- Spastische Dyspnoe
- Spastische Bronchitis
- Asthma bronchiale
- Keuchhusten

Augen/Ohren/Sensorium

- Lidzuckungen
- Otalgie
- Licht- und Geräuschempfindlichkeit
- Erhöhte Sensibilität des Sensoriums
- Parästhesien

Gastrointestinaltrakt

- Erhöhte Sensibilität des Plexus coeliacus
- Gallenwegsdyskinesien
- Zwerchfellkrampf, Schluckauf
- Gastralgie
- Gastropathia nervosa
- Koliken von Magen, Darm und Gallenwegen
- Morbus Crohn
- Spastischer Meteorismus
- Spastische Obstipation

Haut und Hautanhangsgebilde

- „Hautkrampf"
- Nervöses Jucken
- Schmerzen bei Herpes zoster und labialis

Herz/Gefäße/Blut/Nerven
- Wechsel zwischen Über- und Unterreizung der Nerven
- Nervöse Schlaflosigkeit
- Kopfschmerz
- Diastolische Wirkung auf den Herzmuskel, ökonomisiert den Stoffwechsel
- Cor nervosum, Palpitatio cordis, Angina pectoris spuria
- Gefäßkrämpfe
- Unterstützend bei Morbus Parkinson und Parkinsonismus
- Lähmungen

Muskulatur/Gelenke
- Nervöse Muskelunruhe, Zuckungen, Krämpfe
- Torticollis spasticus
- Kiss-Syndrom

Urogenitalsystem
- Krampfartige Beschwerden vor und während der Menstruation
- Reizblase

JSO Bicomplex 5 wirkt bei allen Zuständen von Spastik, Kolik und Krampf regulierend auf die neurale Impulsübertragung ein.

JSO Bicomplex 6 – Fiebermittel

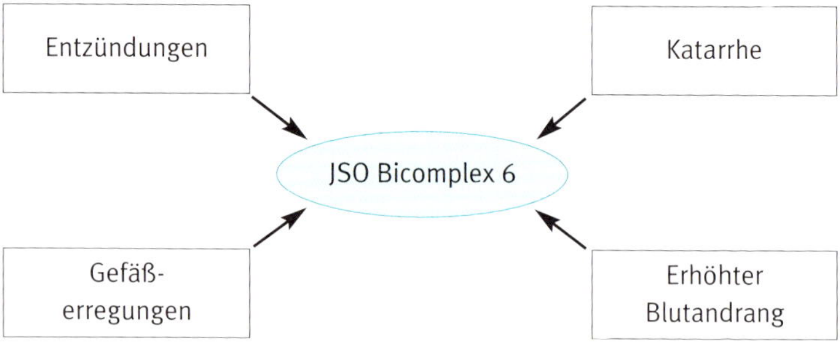

Das Fiebermittel kommt zum Einsatz bei funktionellen Überreizungszuständen, erhöhter Gefäßaktivität mit vermehrtem Blutandrang (Kongestionen), entzündlicher Gefäßerregung und Erkrankungen, insbesondere von Entzündungen und Katarrhen, mit erhöhter Körpertemperatur.

Grundwirkungen der Einzelbestandteile

Zusammensetzung

- Ferrum phosphoricum D12
- Kalium chloratum D6
- Kalium phosphoricum D6
- Kalium sulfuricum D6

  jeweils 25 mg pro Tablette

Ferrum phosphoricum D12
Entzündungen im ersten Stadium. Akute Katarrhe.

Kalium chloratum D6
Entzündungen im zweiten Stadium. Zähe, fadenziehende Sekrete; hemmt die Umwandlung von Fibrinogen zu Fibrin. Subakute Entzündungen und Katarrhe.

Kalium phosphoricum D6
Fieber bei akuten Erscheinungen, verbunden mit Hinfälligkeit.

Kalium sulfuricum D6
Entzündungen im dritten Stadium. Abschlussmittel nach akuten Entzündungen und Katarrhen.

Wirkmechanismus

Die Wirkung des Mittels erstreckt sich auf praktisch alle Erkrankungen, die mit erhöhter Gefäßerregung, vermehrter Wärmebildung und Überfunktion einhergehen. In der Regel sind solche Erkrankungen mit einer Erhöhung der Pulsfrequenz verbunden.

Wirkungsradius

Atemwege
- Rhinitis und Sinusitis
- Akute und chronische Formen aller Bronchialerkrankungen
- Keuchhusten
- Heiserkeit bei Entzündungen und Katarrhen
- Tonsillitis
- Katarrhalische Diathese
- Heuschnupfen

Augen/Ohren/Sensorium
- Konjunktivitis und Blepharitis
- Gersten- und Hagelkorn im akuten Stadium
- Akute und subakute Katarrhe von Augen und Ohren
- Otalgie

Gastrointestinaltrakt
- Gastrisches Fieber
- Entzündungen im gesamten Magen-Darm-Trakt
- Cholangitis
- Cholecystitis
- Cholelithiasis
- Colitis ulcerosa
- Proktitis

Haut und Hautanhangsgebilde
- Entzündliche Hauterkrankungen
- Neurodermitis
- Psoriasis
- Herpes zoster
- Herpes labialis
- Erysipel
- Ekzeme und Exantheme

Herz/Gefäße/Blut/Nerven
- Fieber in allen Stadien
- Fiebrige Erregung von Herz und Gefäßen, u.U. mit Kopfschmerzen
- Neuritis
- Venenentzündung

Lymphsystem
- Herabgesetzter Lymphfluss und Lymphdrüsenschwellungen bei akuten Erkrankungen
- Tonsillitis
- Eiterungen

Muskulatur/Gelenke
- Gliederschmerzen bei akuten Infektionen
- Hexenschuss
- Arthritis
- Fersensporn
- Fibromyalgie
- Myositis
- Coxitis
- Periostitis
- Polymyalgie

Urogenitalsystem
- Adnexitis
- Zystitis
- Nephritis
- Nephrolithiasis

JSO Bicomplex 6 wird bei allen entzündlichen Veränderungen und Überreaktionen im Organismus eingesetzt.

JSO Bicomplex 7 – Innersekretorisches Mittel

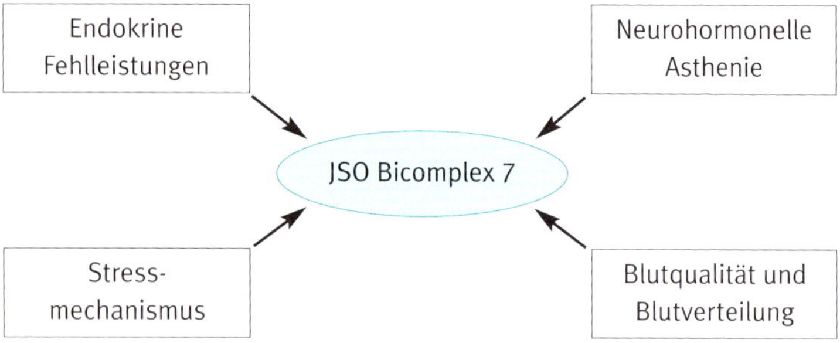

Dieses Mittel wirkt ebenso wie JSO Bicomplex 4 auf die verwandtschaftliche Beziehung zwischen Lymph- und endokrinen Drüsen. Darüber hinaus wirkt es koordinierend auf das gesamte Vegetativum; es rhythmisiert die funktionellen Beziehungen zwischen vegetativer Schaltzentrale und dem übergeordneten endokrinen System des hypophysär-hypothalamischen Regelkreises.

Grundwirkungen der Einzelbestandteile

Zusammensetzung

- Calcium phosphoricum D6
- Ferrum phosphoricum D6
- Kalium phosphoricum D6
- Magnesium phosphoricum D6
  jeweils 25 mg pro Tablette

Calcium phosphoricum D6
Lymphatisch-skrofulöse und endokrine Drüsenstörungen. Hypoplasie der Unterleibsorgane. Vegetative Formen der Dysthyreose. Reguliert den Grundumsatz.

Ferrum phosphoricum D6
Chlorose. Anämiebedingte Mensesstörungen. Blutverteilungsstörungen, besonders im kleinen Becken mit Folgestörungen an Uterus oder Prostata.

Kalium phosphoricum D6
Sexuelle Schwäche und Übererregung. Endokrine Minderleistungen. Neurohormonelle Asthenie.

Magnesium phosphoricum D6
Reguliert den hypophysär-hypothalamischen Regelkreis. Neurohormonelle Diskrepanz. Prämenstruelles Syndrom. Dysmenorrhö. Stressfolgen.

Wirkmechanismus

Das Innersekretorische Mittel hat eine komplexe regulierende Wirkung auf den Funktionszusammenhang von vegetativer und endokriner Schaltzentrale. Das Blut als humorales Transportsystem von Signalstoffen wird ebenso optimiert wie die Vasomotorentätigkeit zur Regulation der Blutverteilung.

Wirkungsradius

Urogenitalsystem

- Prämenstruelles Syndrom
- Amenorrhö und Hypomenorrhö
- Anämiebedingte Mensesstörungen
- Dysmenorrhö
- Urogenitalmigräne
- Blasensphinkterschwäche
- Nervöse Reizblase
- Kleinbeckenplethora
- Fertilitäts- und Potenzstörungen

- Klimakterische Beschwerden
- Adnexitis
- Ovarialzysten

Herz/Gefäße/Blut/Nerven
- Chlorose
- Endokrine Kongestionen
- Kopfschmerz
- Stressbedingte Gefäßerregungen
- Blutdruckschwankungen
- Neurasthenie
- Depressive Verstimmungen

Haut und Hautanhangsgebilde
- Hektische Röte
- Hyperhidrosis

JSO Bicomplex 7 wirkt auf alle Erkrankungen im Urogenitalsystem und die hieraus entstehenden Folgezustände an Haut, Herz, Gefäßen, Blut und Nerven.

JSO Bicomplex 8 – Gefäßmittel

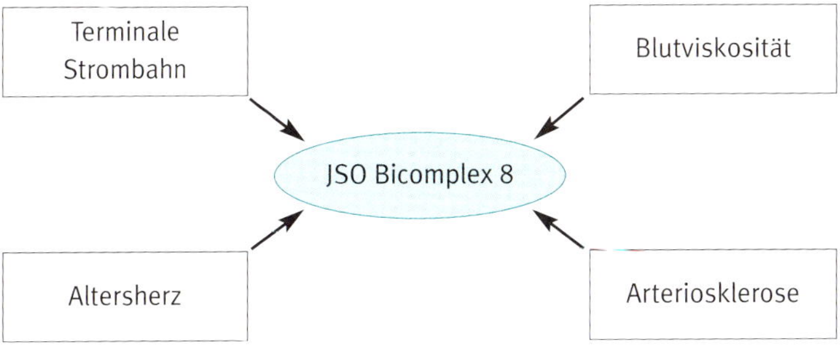

Die Gefäße sind Vermittler zwischen dem Blut als ernährendem Gewebe, der terminalen Strombahn und dem mesenchymalen Transitsystem bis hin zum parenchymalen Stoffwechsel. Die Endstrombahn, von Saller als peripheres Herz bezeichnet, gewährleistet die Versorgung mit Nährstoffen und die Entsorgung von Stoffwechselschlacken. Dieser JSO Bicomplex unterhält die notwendigen Gefäßeigenschaften zu diesen Prozessen: Erhalt der Elastizität der beteiligten Gewebe und damit Energiebereitstellung, Regulierung des Gefäßtonus mit Aufrechterhaltung der Intimafunktion der Gefäße und der physiologischen Funktion des kapillaren Transportmechanismus. Von Seiten der Gefäße werden Nähr- und Klärstrom reguliert.

Grundwirkungen der Einzelbestandteile

Zusammensetzung

- Calcium fluoratum D12
- Kalium phosphoricum D6
- Magnesium phosphoricum D6
- Silicea D12

  jeweils 25 mg pro Tablette

Calcium fluoratum D12
Fördert die Elastizität der Gefäße. Verbessert die Gefäßdynamik. Befeuchtet und erweicht trockene und verhärtete Gewebe. Trophische Störungen der Haut mit Ulkusneigung. Kraftlosigkeit der Venenwände.

Kalium phosphoricum D6
Reguliert die Vasomotorentätigkeit und die Gefäßspannung. Anabolikum für Herz und Gefäße – diastolische Wirkung. Antidegenerative und antinekrotische Wirkung bei ulzerösen Erkrankungen.

Magnesium phosphoricum D6
Rhythmisiert die Gefäßfunktion. Wirkt der Atheromatose entgegen. Antithrombotische Wirkung.

Silicea D12
Herabgesetzte Gefäßelastizität. Erhöhte Blutviskosität. Skleroseneigung.

Wirkmechanismus

Die Wirkung auf die Funktion der elastischen und muskulären Anteile der Gefäße stellt den funktionellen Zusammenhang zwischen Blut, Gefäßsystem und mesenchymalem Bindegewebe her und sichert die Vitalität in der terminalen Strombahn.

Wirkungsradius

Atemwege
- Lungenemphysem
- Silikose
- Obstruktionen

Augen/Ohren/Sensorium
- Altersschwindel
- Retinopathie
- Otosklerose
- Altersschwerhörigkeit

Gastrointestinaltrakt
- Angina abdominalis

Haut und Hautanhangsgebilde
- Trophische Störungen mit Ulkusneigung
- Ulcus cruris
- Trophische Störungen von Haut und Anhangsgebilden

Herz/Gefäße/Blut/Nerven
- Altersherz
- Koronare Herzkrankheit#
- Herzklopfen
- Gefäßneurosen
- Morbus Raynaud
- Arteriosklerose
- Gedächtnisschwäche
- Widerstandhochdruck
- Claudicatio intermittens
- Gefäßbrüchigkeit
- Erhöhte Viskosität des Blutes
- Venenerschlaffung
- Krampfadern
- Chronisches Hämorrhoidalleiden

Muskulatur/Gelenke
- Muskelkater

JSO Bicomplex 8 zeigt seine Hauptwirkungen im Bereich der Gefäßelastizität, der Viskosität des Blutes, der Gewebsernährung und -entsorgung und damit einer Optimierung des bindegewebigen Transits.

JSO Bicomplex 9 – Gicht- und Rheumatismusmittel

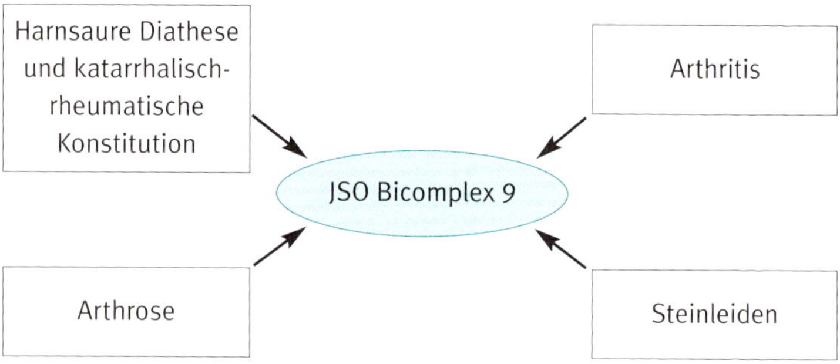

Gicht und Rheuma haben ein vielfach ähnliches Erscheinungsbild, sind aber physiopathologisch zu unterscheiden. Gichtische Prozesse beruhen auf einer vermehrten Bildung, wie bei der harnsauren Diathese, oder auf einer verminderten Elimination von Harnsäure. Rheumatische Reaktionen sind – im naturheilkundlichen Sinne – auf das Vorhandensein von serösen Schärfen zurückzuführen. Die Zusammensetzung dieses Mittels wirkt gleichermaßen auf harnsaure und seröse Schärfen und deren Reaktionen im Gewebe.

Grundwirkungen der Einzelbestandteile

Zusammensetzung

- Ferrum phosphoricum D12
- Natrium phosphoricum D6
- Natrium sulfuricum D6
- Silicea D12

  jeweils 25 mg pro Tablette

Ferrum phosphoricum D12
Akute gichtisch-rheumatische Entzündungen. Gelenkschwellungen mit Hitze und Rötung.

Natrium phosphoricum D6
Reizungen von Haut, Schleim- und serösen Häuten durch harnsaure Schärfen. Übersäuerung der Gewebe. Kristallose.

Natrium sulfuricum D6
Fördert die Ausscheidung harnsaurer und rheumatischer Schärfen über die natürlichen Wege. Verbessert die Hautatmung.

Silicea D12
Kanalisiert das Bindegewebe. Löst Harnsäure in den Geweben.

Wirkmechanismus

Dieses Mittel normalisiert alle Reaktionen und Folgezustände, die durch gichtisch-rheumatische Reizungen hervorgerufen werden.

Wirkungsradius

Atemwege
- Periodisch und rezidivierend auftretende Ausscheidungskatarrhe
- Vikariationen mit Muskel- und Gelenkbeschwerden

Augen/Ohren/Sensorium
- Erkrankungen als Folge von harnsauren Ablagerungen wie Katarakt und Retinopathie
- Augenkatarrhe durch Harnsäure und andere Schärfen
- Altersschwerhörigkeit

Gastrointestinaltrakt

- Ausscheidungskatarrhe im Magen-Darm-Trakt
- Wechselwirkungen zwischen Verdauungsschleimhäuten und Gelenken
- Magengicht und -rheuma
- Darmgicht
- Wurmbefall
- Colon irritabile
- Proktitis
- Neigung zu Gallensteinen

Haut und Hautanhangsgebilde

- Alle Hauterscheinungen, hervorgerufen durch vikariierende und scharfe Absonderungen
- Verschiedene Akneformen
- Psoriasis
- Juckreiz
- Hyperhidrosis

Herz/Gefäße/Blut/Nerven

- Harnsäureüberladung von Blut und Geweben
- Sludgephänomen
- Erregung von Herz und Gefäßen mit Anschoppung und Kongestionen
- Claudicatio intermittens
- Hypertone Regulationsstörungen
- Tonusschwankungen
- Neigung zu Arteriosklerose
- Neigung zu Nervenentzündungen und Neuralgien

Lymphsystem

- Auftreten von Kugeluraten
- Drüsenschwellungen
- Eiterungen

Muskulatur/Gelenke

- Säurekrämpfe
- Muskelkater
- Knacken der Gelenke
- Muskelgicht und -rheuma
- Arthritiden, Tophibildung
- Fibromyalgie
- Akuter Gichtanfall
- Wirbelsäulensyndrome
- Coxitis
- Lumbago
- Osteochondrose
- Osteoporose
- Rheumatischer Formenkreis
- Frühzeitige Arthrosen
- Exostosen, Fersensporn

Urogenitalsystem

- Neigung zu Nierensteinen
- Gichtniere
- Reizungen der ableitenden Harnwege
- Prämenstruelles Syndrom bei der harnsauren Diathese

JSO Bicomplex 9 löst harnsaure und seröse Ablagerungen, scheidet sie aus und wirkt der Kristallose entgegen. Es bewirkt eine physiologische Befeuchtung und verhindert die Ablagerung pathologischer Substanzen.

JSO Bicomplex 10 – Haarmittel

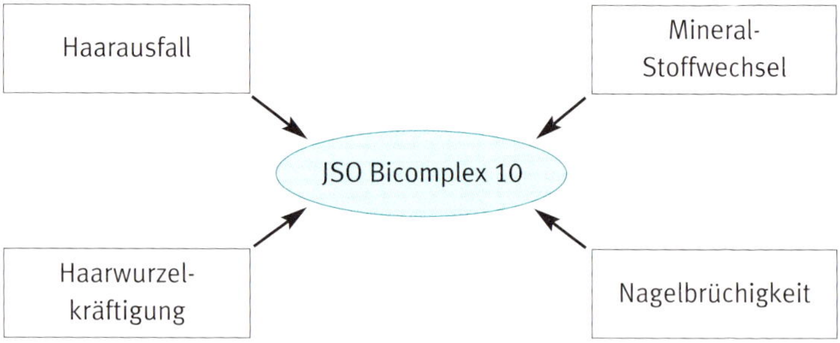

Das Mittel trägt aufgrund seiner Zusammensetzung den vielschichtigen Entstehungsbedingungen (nutritive, hormonelle, nervöse und stoffwechselbedingte) des Haarausfalls und der Nagelbrüchigkeit Rechnung. Es verbessert die Ernährung des Haarbodens und der Nägel, die Versorgung mit Mineralstoffen und vermehrt Kraft und Glanz der Haare.

Grundwirkungen der Einzelbestandteile

Zusammensetzung

- Calcium fluoratum D12
- Kalium phosphoricum D6
- Natrium chloratum D6
- Silicea D12

  jeweils 25 mg pro Tablette

Calcium fluoratum D12
Verleiht dem Haar Kraft und Festigkeit. Verbessert die Nutrition von Haut und Anhangsgebilden.

Kalium phosphoricum D6
Verbessert die Ernährung des Haarbodens. Energetikum für die Haarwurzeln. Endokrine Minderleistungen.

Natrium chloratum D6
Verbessert die Ernährung des Haarbodens. Stützung des Mineralstoffwechsels und der Nebennierentätigkeit. Kräftigt das Blut.

Silicea D12
Verleiht dem Haar Glanz. Fördert die Aufnahme von Vitaminen und Mineralien.

Wirkmechanismus

Das Mittel verbessert die Ernährung und die Kraft der Anhangsgebilde der Haut.

Wirkungsradius

Haut und Hautanhangsgebilde

- Brüchige, kraft- und glanzlose Haare
- Kopfschuppen
- Alopecia areata
- Diffuser Haarausfall
- Haarausfall nach akuten und zehrenden Erkrankungen
- Haarausfall bei hormonellen Störungen, auch in der Schwangerschaft
- Brüchige Fingernägel
- Hyperkeratose
- Juckreiz
- Hyperhidrosis

JSO Bicomplex 10 wirkt bei Haar- und Nagelbrüchigkeit und Haarausfall.

JSO Bicomplex 11 – Hautmittel

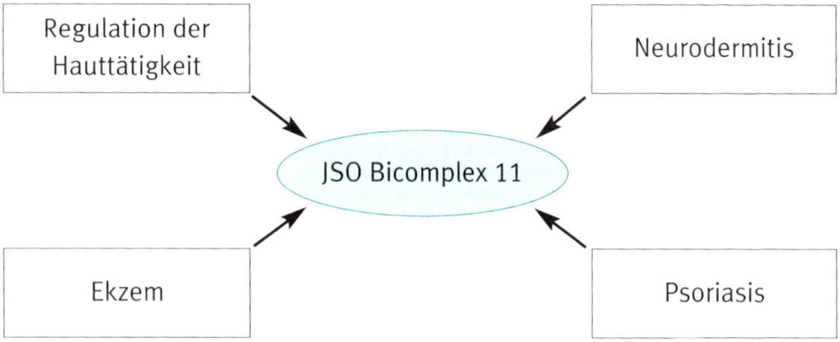

Neben Bronchien und Lungen sowie den Darmschleimhäuten gehört auch die Haut zu den „Atmungsorganen". Diese Aufgabe übernehmen hauptsächlich die Hautporen. Die Haut scheidet Festes (Epithelien), Flüssiges (Schweiß) und Gasförmiges (Geruch) aus. Normalerweise verläuft der Ausscheidungsmechanismus der Hautatmung (perspiratio insensibilis) unmerklich.
Als „unedles" und „starkes" Organ ist die Haut in der Lage, Ausscheidungsstörungen innerer Organe konsensuell und antagonistisch zu kompensieren. Die Veränderungen der Hautatmung können ihrerseits vikariierende Reaktionen innerer Organe zur Folge haben (z.B. Ausscheidungsgastritis oder -diarrhö, rheumatoide Reaktionen). Es ist daher ein naturheilkundliches Prinzip, diese Hautfunktion aufrechtzuerhalten. Die Hautatmung ist eine natürliche Ausscheidungsfunktion. In der Naturheilkunde wird diese Tätigkeit auch therapeutisch zur vermehrten Elimination genutzt. Ebenso ist es möglich, über die Haut krankhafte Reaktionen innerer Organe (z.B. der Leber oder der Nieren) abzuleiten.

Grundwirkungen der Einzelbestandteile

Zusammensetzung

- Calcium phosphoricum D6
- Kalium sulfuricum D6
- Magnesium phosphoricum D6
- Natrium chloratum D6
- Silicea D12

jeweils 20 mg pro Tablette

Calcium phosphoricum D6
Skrofulöse Hauterkrankungen. Exsudativ-allergische Reaktionen, z.B. Neurodermitis. Ausschläge mit weißlich-gelblichen Krusten. Bläschenausschläge mit serösem Sekret.

Kalium sulfuricum D6
Epithelschutzmittel. Unterstützt die Hautatmung. Alle Hauterkrankungen mit vermehrter Abschuppung. Chronische Hauterkrankungen mit dünner, trockener Haut. Pruritus als Zeichen verstärkter Entgiftungsprozesse.

Magnesium phosphoricum D6
Vermehrte Schmerzempfindlichkeit durch erhöhte Oberflächensensibilität. Hautjucken. „Hautkrampf".

Natrium chloratum D6
Epidermale Bläschenbildung mit wässrigem Inhalt. Urtikaria. Herpetiforme Effloreszenzen. Schweißneigung. Auch trockene Haut mit Rhagaden.

Silicea D12
Fahle, kalte, trockene, rissige Haut. Alterjucken. Neigung zur Eiterung. Verbessert die Kolloidalstruktur der Subkutis.

Wirkmechanismus

Dieses Mittel stabilisiert die Hautfunktionen, insbesondere das Phänomen der Hautatmung, und die aus der gestörten Tätigkeit sich ergebenden pathologischen konsensuellen und antagonistischen Folgeerscheinungen.

Wirkungsradius

Atemwege
- Vikariierende Reaktionen von der Haut auf die Atemwege

Augen/Ohren/Sensorium
- Skrofulöse Lidrandentzündungen
- Entzündungen und Eiterungen im äußeren Gehörgang
- Gersten- und Hagelkorn

Haut und Hautanhangsgebilde
- Milchschorf und andere skrofulöse Hautleiden
- Nässende Ausschläge
  - akutes Ekzem
  - Urtikaria
  - akute und subakute Phase der Psoriasis
  - akute und subakute Phase der Neurodermitis
  - bullöse Dermatosen
  - Schweißneigung
- Trockene Ausschläge
  - chronische Ekzeme
- Kopfschuppen
- Analekzem
  - Rhagaden- und Fissurenbildungen
  - juckende Ausschläge, Altersjucken
  - Akanthose – Psoriasis
  - Sklerodermie
  - Hyperkeratosen

- Narbenkeloide
- variköses Ekzem
- Eitrige Ausschläge
  - Akne
  - Furunkel und Karbunkel
- Infektiöse Hauteffloreszenzen und Folgeerscheinungen
  - Herpes zoster, simplex, labialis
  - Erysipel
  - Nachsorge nach exanthematischen Infektionen
  - Narbenbildung nach infektiösen Hauterscheinungen
- Ernährungsstörungen der Nägel
- Nagelmykosen

JSO Bicomplex 11 wirkt bei exo- und endogenen Erkrankungen der Haut und bei allen Folgen der unterdrückten Hautatmung.

JSO Bicomplex 12 – Herzmittel

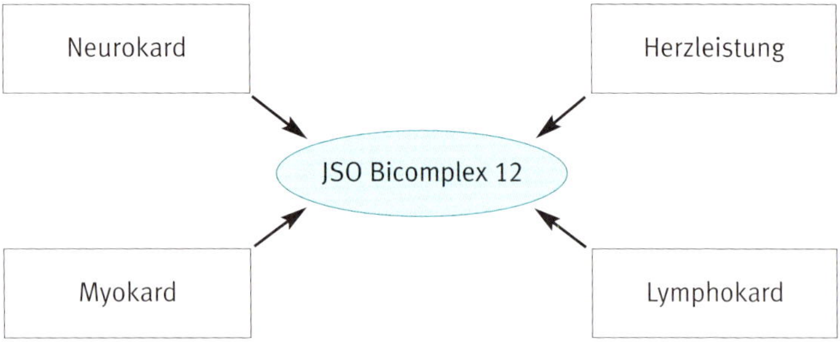

JSO Bicomplex 12 ist ein „Herzdynamikum“; es wirkt somit auf die naturheilkundlich klassische Funktionstrias: Myokard – Lymphokard – Neurokard.
Das Zusammenwirken dieser drei Funktionsbereiche bietet die Gewähr für die Funktionsdynamik des Herzens. Das Myokard steht für die Leistung des Herzens, das Lymphokard für die Entgiftungsleistung, das Neurokard für den Eigenrhythmus sowie für die Beeinflussung durch innere und äußere nervöse Störfaktoren. Nur das regelrechte Zusammenwirken dieser Anteile gewährleistet Funktionstüchtigkeit und Anpassungsfähigkeit des gesamten Herz-Kreislauf-Systems.

Grundwirkungen der Einzelbestandteile

Zusammensetzung
- Calcium fluoratum D12
- Kalium phosphoricum D6
- Magnesium phosphoricum D6
- Natrium chloratum D6
  jeweils 25 mg pro Tablette

Calcium fluoratum D12
Elastizitätsverlust des Herzskelettes; Altersherz. Verminderte Vorspannung.
Verlust der Gefäßelastizität. Arteriosklerose.

Kalium phosphoricum D6
Dynamikum für den Herzmuskel. Anabole, diastolische Wirkung; erhöht die Schlagkraft. Hyper- und hypokinetisches Herz-Kreislauf-Syndrom. Rhythmusstörungen. Herzneurose.

Magnesium phosphoricum D6
Nervöse Rhythmusstörungen; normalisiert die Erregbarkeit des Herzmuskels. Erhöhte Viskosität des Blutes mit Thromboseneigung. Vermindert Blutfette. Hypertone Regulationsstörungen. Herzneurose.

Natrium chloratum D6
Veränderte Blutviskosität durch Verwässerung oder Eindickung des Blutes. Reguliert die Zellerregbarkeit des Herzmuskels. Anabolikum.

Wirkmechanismus

JSO Bicomplex 12 wirkt auf die Erregbarkeit und den Energiemechanismus des Herzmuskels, die Viskosität des Blutes sowie auf die Erhaltung der Elastizität des Herzskelettes.

Wirkungsradius

Atemwege
- Asthma cardiale, zur Unterstützung
- Cor pulmonale, zur Unterstützung

Gastrointestinaltrakt
- Stauungsgastritis
- Roemheld-Syndrom
- Cardiale Leberstauung, Hämorrhoiden

Herz/Gefäße/Blut/Nerven
- Herzneurose
- Pektanginöse Beschwerden
- Altersherz
- Rhythmusstörungen
- Beginnende Herzinsuffizienz
- Schlafstörungen
- Ödeme
- Hypertone Regulationsstörung
- Gefäßneurosen
- Claudicatio intermittens
- Gedächtnisschwäche

JSO Bicomplex 12 optimiert den Regulationsmechanismus zwischen Myokard, Lymphokard und Neurokard.

JSO Bicomplex 13 – Knochenmittel

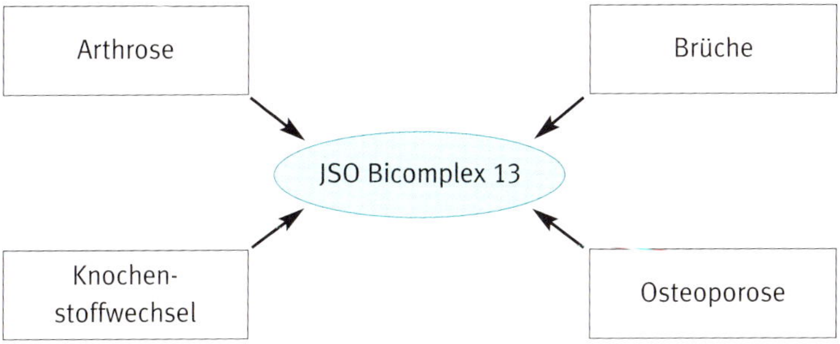

Der Knochen als bradytrophes Gewebe besitzt einen stark verlangsamten Stoffwechsel. Dieser Stoffwechsel benötigt für seine aktiven Prozesse Wärme und Feuchtigkeit um Elastizität und Struktureigenschaften aufrechtzuerhalten.
Ein solcher Wirkmechanismus ist auch anderen Geweben eigen, so dass der JSO Bicomplex 13 mit seinem Wirkungsradius auch bei anderen Organsystemen mit vergleichbaren Gewebseigenschaften zum Einsatz kommen kann.

Grundwirkungen der Einzelbestandteile

Zusammensetzung

- Calcium fluoratum D12
- Calcium phosphoricum D6
- Magnesium phosphoricum D6
- Silicea D12

  jeweils 25 mg pro Tablette

Calcium fluoratum D12
Dieses Mittel wirkt insbesondere auf die Kraft und Struktur der faserigen Gewebeanteile und fördert deren Elastizität. Seine Wirkung bedingt am Knochengewebe eine deutliche Verbesserung der Stoffwechselleistung.

Calcium phosphoricum D6
Durch seine membranstabilisierenden Eigenschaften dient es ganz besonders der Erhaltung der Knochenstruktur. Es reguliert und optimiert den Stoffwechsel des Knochenparenchyms und damit seinen Calciumhaushalt.

Magnesium phosphoricum D6
Seine intrazelluläre Wirkung im Knochengewebe bezieht sich auf die Koordination der Energietransformation im Wechselspiel zwischen Auf- und Abbau der Knochensubstanz.
Es verbessert die Phosphorylierungsprozesse.

Silicea D12
Seine kolloidale Mesenchymwirkung erstreckt sich gleichermaßen auf Nutrition und Elimination im Knochengewebe. Es verbessert die Energie- und Wärmebildung und sorgt für eine einwandfreie Verwertung der Mineralien.

Wirkmechanismus

JSO Bicomplex 13 bewirkt ein „Physiologisch-Machen" des Knochenstoffwechsels in Bezug auf Energiehaushalt, Festigkeit und Struktur.

Auf diese Weise wird ein physiologisches Verhältnis zwischen organischer und mineralischer Knochensubstanz gewährleistet, denn der Mineralanteil des Knochens rührt von der Aktivität der Knochenzellen (Osteoblasten und Osteoklasten) her.

So ist JSO Bicomplex 13 bei allen Affektionen der Knochen als Basistherapeutikum einsetzbar.

Wirkungsradius

Knochen (Erkrankungen mit Ernährungsstörungen, assimilatorische Grundfunktion)

- Skrofulöse Knochenerkrankungen und Nutritionsstörungen:
  - Arthrosen
  - Osteoporose
  - Osteomalazie
  - Rachitis
  - lange offen bleibende Fontanellen
  - gestörtes Längen- und Breitenwachstum der Knochen
  - aseptische Nekrosen (M. Perthes, M. Schlatter, Köhler I und II)
- Mangelhafte Kallusbildung
- Folgen von Knochenbrüchen
- Bindegewebsschwäche mit Veränderungen der Statik:
  - Senkfuß
  - Spreizfuß
  - Skoliosen
- Gelenkbegleitende Strukturen:
  - Knorpel
  - Bandscheibe
  - Meniskus
  - Synovialmembran
  - Sehnen-, Band- und Gelenkkapselverhärtungen und -reizungen

Entzündliche Erkrankungen

- Osteomyelitis
- Fisteln
- Chronische Gelenkentzündungen

JSO Bicomplex 13 wirkt aber auch in anderen Organsystemen auf deren verwandte Gewebsstrukturen. So zeigt sich dieser erweiterte Wirkungsradius z.B. bei der Haut und deren Anhangsgebilden, dem „Herzskelett" und etwa bei Fibrosierungen von Organen.

Atemwege

- Lungenemphysem
- Fibrose und Silikose

Augen/Ohren/Sensorium

- Katarakt durch Faserverhärtung
- Entropium durch Faserverhärtung
- Ektropium durch Fasererschlaffung
- Otosklerose
- Tubenkatarrh
- Tinnitus
- Altersschwerhörigkeit
- Übermäßige Cerumenbildung
- Mastoiditis

Gastrointestinaltrakt

- Neigung zu Zahnzerfall
- Tonnenzähne
- Magensenkung
- Enteroptose
- Alte Darmfisteln

Haut und Hautanhangsgebilde

- Akne und Furunkel mit Verhärtungstendenz
- Akanthose der Haut (Psoriasis)
- Hyperkeratose
- Narbenkeloide
- Sklerodermie
- Haarausfall
- Brüchige Nägel

Herz/Gefäße/Blut/Nerven

- Herabgesetzte Elastizität, Altersherz
- Skleroseneigung

Lymphsystem

- Schwellungen und Verhärtungen der Lymphdrüsen
- Drüseninsuffizienz mit reduzierter Infektabwehr
- Eiterungen
- Unterstützt Leukozyten und Lymphozytenbildung und vermehrt die Phagozytose

Muskulatur/Gelenke

- Muskel- und Bänderschwäche
- Schlaffe Hals- und Extremitätenmuskulatur
- Verhärtete Muskelansätze und Aponeurosen
- Periostitis
- Morbus Scheuermann
- Exostosen, Fersensporn
- Osteochondrose
- Fibromyalgie
- Kiss-Syndrom
- Alte Ergüsse von Schleimbeuteln und Gelenken, Ganglion

JSO Bicomplex 13 wirkt auf die „festen Teile des Organismus“ erweichend, festigend und stabilisierend. Er verbessert den Stoffwechsel der entsprechenden Gewebe.

JSO Bicomplex 14 – Geschwürmittel

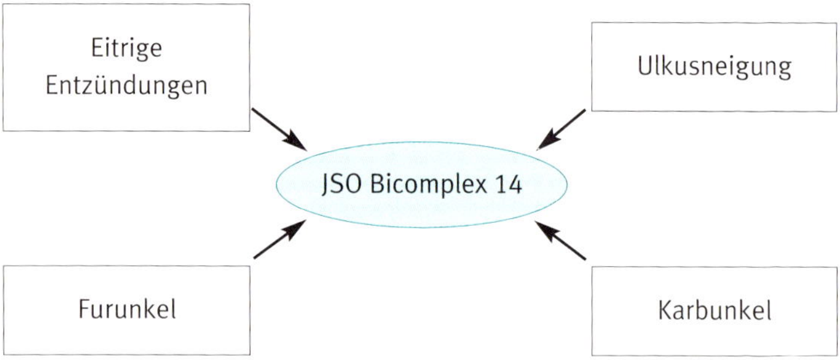

Eitrige und geschwürige Erkrankungen führen ohne Behandlung zum Untergang von Zellen und Geweben. Dieses Mittel fördert durch seine Einwirkung auf die mesenchymalen Abwehrstrukturen die Bildung von Granulationsgewebe und damit den Heilungsprozess.

Grundwirkungen der Einzelbestandteile

Zusammensetzung

- Calcium fluoratum D12
- Ferrum phosphoricum D12
- Kalium sulfuricum D6
- Silicea D12
  jeweils 25 mg pro Tablette

Calcium fluoratum D12
Geschwüre und eitrige Entzündungen mit umliegender Gewebsverhärtung. Narben- und Keloidbildung.

Ferrum phosphoricum D12
Schmerzhafte akute Entzündungen bei Entstehung von Furunkeln und Karbunkeln.

Kalium sulfuricum D6
Epithelerhaltungsmittel. Chronische und eitrige Katarrhe und Entzündungen.

Silicea D12
Tief greifende Gewebseiterungen. Eröffnet und resorbiert Abszesse. Steigert die Abwehr. Abschlussmittel nach Entzündungen und Eiterungen.

Wirkmechanismus

JSO Bicomplex 14 umfasst in seiner Wirkung im Wesentlichen eitrige Entzündlichkeiten und abszedierende Prozesse, bei denen die Gefahr des Gewebsunterganges besteht.

Wirkungsradius

Atemwege
- Eitrige Bronchitis (zur Unterstützung)

Augen/Ohren/Sensorium
- Lidrandentzündungen
- Gerstenkorn
- Hagelkorn

Haut und Hautanhangsgebilde

- Tief greifende Entzündungen und Gewebsdefekte
- Häufig rezidivierende Hauterkrankungen, besonders mit Neigung zur Eiterbildung
- Akne
- Furunkel und Karbunkel
- Abszesse
- Entzündliche und eitrige Affektionen im Bereich der Hautfalten
- Fisteln
- Ulcus cruris

Lymphsystem

- Lymphdrüsenbeteiligung bei Entzündungen und Geschwüren
- Tonsillitis

JSO Bicomplex 14 bringt entweder Eiterungsprozesse zur Einschmelzung oder zur Reifung und Entleerung.

JSO Bicomplex 15 – Hustenmittel

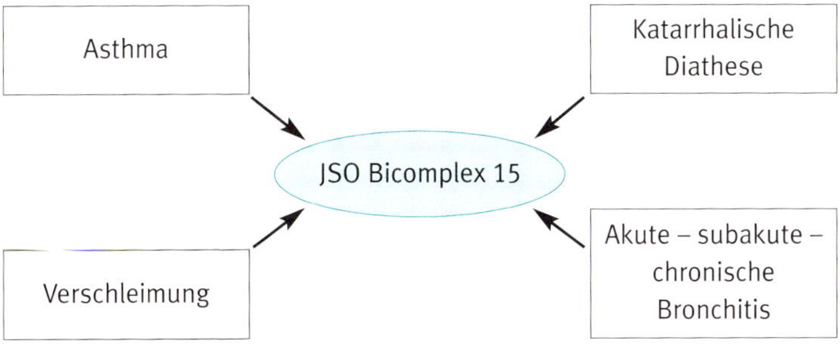

Die unterschiedlichen Erkrankungen der Atemwege mit ihrer jeweiligen Symptomatik haben folgende Auslösemechanismen gemeinsam: den Viskositätszustand des Sekretes und den Spannungszustand der Atemwege. Diese beiden Faktoren beeinflussen sich gegenseitig. Dieses Mittel reguliert den Sekretions- und Spannungsmechanismus in den Atemwegen.

Grundwirkungen der Einzelbestandteile

Zusammensetzung

- Ferrum phosphoricum D12
- Kalium chloratum D6
- Magnesium phosphoricum D6
- Silicea D12

  jeweils 25 mg pro Tablette

Ferrum phosphoricum D12
Akute Schleimhauterkrankungen der Atemwege. Trockener Husten. Kitzelhusten. Schmerzhafter Husten.

Kalium chloratum D6
Subakute Entzündungen und Katarrhe mit Besserung bei Wärme. Husten mit zäh löslichem, fadenziehendem Schleim. Katarrhe mit weißlich-gelblichem, fibrinösem Sekret.

Magnesium phosphoricum D6
Krampfhusten. Asthma nervosum. Larvierte Tuberkulotoxikose.

Silicea D12
Chronische Schleimhauterkrankungen mit Trockenheit. Verschleppte Entzündungen und Katarrhe. Chronisch-proliferative Katarrhe.

Wirkmechanismus

JSO Bicomplex 15 wird angewendet bei akuten, subakuten und chronischen Schleimhauterkrankungen der Atemwege mit unterschiedlichen Schleimhautsekretionen sowie bei Reiz- und Krampfhusten.

Wirkungsradius

Atemwege
- Larvierte Tuberkulotoxikose
- Sinusitis
- Akute und chronische Formen der Bronchitis
- Asthma- und Emphysembronchitis
- Chronisch obstruktive Bronchitis
- Fibrosen und Silikose
- Keuchhusten
- Rhino-Laryngitis
- Begleitsinusitis bei Bronchitis und Laryngitis

- Bronchialreizungen durch Umweltbelastungen
- Pleuritisfolgen, Schwartenbildung

Augen/Ohren/Sensorium
- Ohrenbeteiligung bei Atemwegserkrankungen
- Tubenkatarrhe bei Affektionen im Nasen- und Rachenraum

Lymphsystem
- Erkältungsneigung
- Hexenschuss
- Abwehrschwäche

Aufgrund seiner Zusammensetzung wirkt JSO Bicomplex 15 bei akuten bis chronischen Entzündlichkeiten sowie bei spastischen Erkrankungen im Atemwegssystem.

JSO Bicomplex 16 – Magenmittel 1 (Hyperazidität)

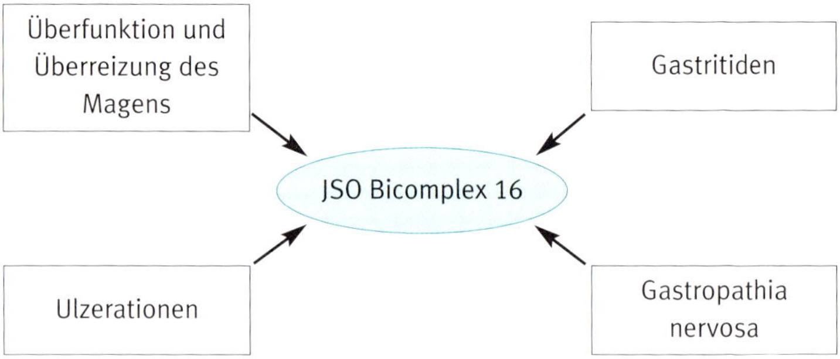

Hyperazidität des Magens ist die Folge von Überreizung und Übererregung von Magennerven und –muskulatur. Dabei fungiert der Magen in der Regel als Reaktionsort infolge des Stressmechanismus und anderer Einflüsse wie zum Beispiel: Übersäuerung des Mesenchyms (Magen als Basenbildner), psychische Faktoren, Funktionsstörungen der Ausscheidungsorgane (Ausscheidungsgastritis), Störungen der „Hautatmung".

Grundwirkungen der Einzelbestandteile

Zusammensetzung

- Magnesium phosphoricum D6
- Natrium phosphoricum D6
- Natrium sulfuricum D6
  jeweils 33,3 mg pro Tablette

Magnesium phosphoricum D6
Mindert die Erregbarkeit des Bauchhirns und setzt den Tonus der glatten Muskulatur herab. Gastropathia nervosa mit Neigung zur Hyperazidität. Krampfneigung. Reflektorischer Meteorismus. Spastische Obstipation.

Natrium phosphoricum D6
Hyperkinetisches Magen-Darm-Syndrom. Ausscheidungsgastritis. Brennschmerzen. „Stressmagen". Sodbrennen. Gärungs- und Fäulnisdyspepsie. Darmspasmen mit Verstopfung und/oder Durchfall.

Natrium sulfuricum D6
Anregung der Drüsensekretion. Gallige Magenreizungen. Durchfall und Verstopfung.

Wirkmechanismus

Unabhängig vom Entstehungsmechanismus der Magenüberreizung wirkt JSO Bicomplex 16 regulierend auf Anziehungs- und Abstoßungskräfte und die Tonuslage des Magens.

Während die klinischen Erscheinungen der akuten Gastritis, ob hyper- oder hypazid bedingt, sich nicht wesentlich unterscheiden, gibt es doch hinsichtlich der Begleitumstände und Modalitäten einige brauchbare Unterscheidungsmerkmale:

- deutlicherer Schmerzcharakter bei der hyperaziden Gastritis
- zu frühes Sättigungsgefühl
- Zeichen der Ulkuspersönlichkeit
- größere Neigung zur spastischen Obstipation
- erhöhter Bauchdeckenreflex im linken unteren Quadranten
- eher trockene Stühle

Wirkungsradius

Atemwege
- Magenhusten

Gastrointestinaltrakt
- Saurer und bitterer Mundgeschmack
- Refluxösophagitis
- Saures Aufstoßen und Erbrechen
- Ausscheidungs- und Begleitgastritis, „Magen- und Darmgicht"
- Meteorismus
- Magenkatarrhe und -ulzerationen
- Tonusschwankungen der Verdauungsmuskulatur
- Hyperazidität
- Hyperkinetisches Leber-Galle-Syndrom
- Wechsel von Durchfall und Verstopfung
- Neigung zu Wurmbefall und Dysbiose

Haut und Hautanhangsgebilde
- Vikariierende Hauterkrankungen
- Übermäßiges Schwitzen, meist säuerlich

Herz/Gefäße/Blut/Nerven
- Roemheld-Syndrom

Lymphsystem
- Stockungen und Stauungen der Bauchlymphe

JSO Bicomplex 16 beeinflusst durch Hyperazidität bedingte gastrische Beschwerden wie Refluxkrankheit, verschiedenste Gastritis- und Ulkusformen, vikariierende Hautreaktionen mit Sodbrennen, Aufstoßen, Blähungen und Stuhlunregelmäßigkeiten.

JSO Bicomplex 17 – Magenmittel 2 (Hypazidität)

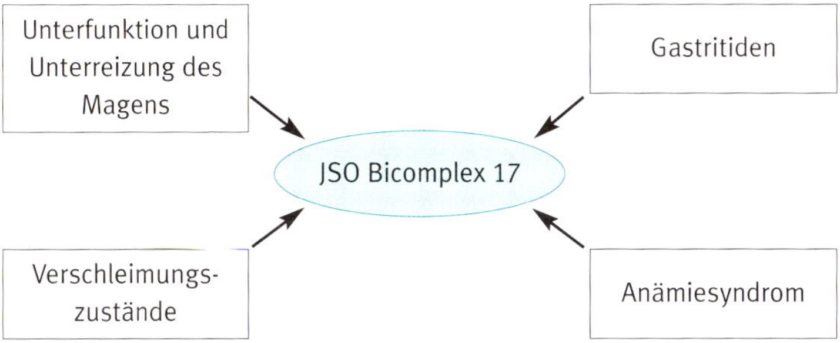

Hypazidität des Magens ist die Folge von Unterreizung und Mindererregung von Magennerven und -muskulatur. Dabei ist der Magentonus deutlich herabgesetzt und es besteht eine so genannte „Magen- und Verdauungsschwäche“. Dies kommt zustande als Spätfolge des Stressmechanismus und anderer Einflüsse wie zum Beispiel: mesenchymale Verschlackung (Magen als Basenbildner), psychische Faktoren, Funktionsstörungen der Ausscheidungsorgane (Ausscheidungsgastritis) und Störungen der „Hautatmung“.

Grundwirkungen der Einzelbestandteile

Zusammensetzung
- Calcium fluoratum D12
- Calcium phosphoricum D6
- Kalium phosphoricum D6
- Natrium chloratum D6
  jeweils 25 mg pro Tablette

Calcium fluoratum D12
Elastizitätsverlust und Tonusarmut. Senkmagen. Magenerweiterung. Chronisch-proliferative Entzündungen.

Calcium phosphoricum D6
Tonusschwacher Magen mit Verlangen nach Stimulanzien.

Kalium phosphoricum D6
Energetikum. Asthenische und nervöse Magenbeschwerden. Atrophische Katarrhe mit Hypazidität. Ulkusneigung.

Natrium chloratum D6
Atrophische, trockene Katarrhe des Magens mit starker Verminderung der Drüsentätigkeit. Appetitstörungen. Anabolikum.

Wirkmechanismus

Unabhängig vom Entstehungsmechanismus der Magenunterreizung wirkt JSO Bicomplex 17 regulierend auf Anziehungs- und Abstoßungskräfte und die Tonus- und Sekretionslage des Magens.

Während die klinischen Erscheinungen der akuten Gastritis, ob hyper- oder hypazid bedingt, sich nicht wesentlich unterscheiden, gibt es doch hinsichtlich der Begleitumstände und Modalitäten einige brauchbare Unterscheidungsmerkmale:

- Müdigkeit und Schwere
- eher atonische Obstipation
- schleimiger Stuhl
- Neigung zu Durchfall mit unverdauten Speisen
- lymphatisch-venöse Stauungen im Abdomen

Wirkungsradius

Gastrointestinaltrakt

- Chronische Katarrhe
- Mundwinkelrhagaden
- Roemheld-Syndrom
- Magenbedingte Hypotonie
- Magenanämie
- Motilitätsstörungen
- Schwäche des Cardiasphinkters
- Erhöhter Druck mit Refluxösophagitis; Magenmeteorismus
- Gärungsprozesse im Magen
- Gärungsdyspepsie
- Atonische Obstipation
- Durchfall mit Unverdautem
- Analfissuren
- Eisenmangel- und Vitamin B12-Mangelanämie

JSO Bicomplex 17 beeinflusst durch Hypazidität bedingte gastrische Beschwerden wie Refluxkrankheit, verschiedenste Gastritis- und Ulkusformen, vikariierende Hautreaktionen mit Sodbrennen, Aufstoßen, Appetitlosigkeit, Durchfall, Blähungen, Anämiesyndrom durch Störungen im blutbereitenden System und Stuhlunregelmäßigkeiten.

JSO Bicomplex 18 – Kräftigungsmittel

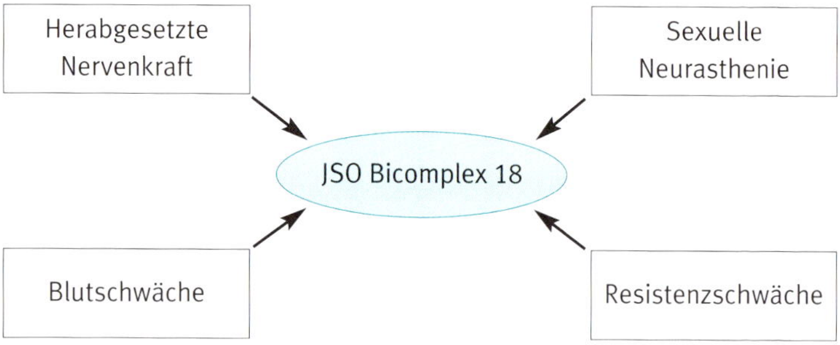

Als eine Äußerung der Lebenskraft gilt im naturheilkundlichen Sinne die Sensibilität als Ausdruck der Nervenkraft eines Menschen. Die Nervenkraft steht in einem engen Verhältnis zur plastischen Kraft des Blutes. Die Herabsetzung von Blut- und Nervenkraft bringt eine allgemeine Nutritions- und Nervenschwäche sowie damit zusammenhängende hormonelle Diskrepanzen mit sich.

Grundwirkungen der Einzelbestandteile

Zusammensetzung
- Carbo animalis D6
- Calcium phosphoricum D6
- Kalium phosphoricum D6
- Natrium chloratum D6
- Silicea D12
  jeweils 20 mg pro Tablette

Carbo animalis D6
Allgemeine Schwäche. Nervöse Erschöpfung nach Säfteverlusten. Drüsenschwellungen der Unterleibsorgane.

Calcium phosphoricum D6
Sympathikotonie und reizbare Schwäche. Neurohormonelle Schwankungen auf skrofulöser Grundlage. Aufbau- und Kräftigungsmittel.

Kalium phosphoricum D6
Energetikum bei nervöser Erschöpfung. Wechsel von Erregung und Erschöpfung. Sexuelle Neurasthenie. Dynamische und adynamische Fieberzustände. Resistenzschwäche.

Natrium chloratum D6
Nutritionsmittel. Wechsel zwischen Überaktivität und deprimierten Gemütsbewegungen. Unkräftiges Blut.

Silicea D12
Fördert die Vitamin- und Elektrolytaufnahme. Melancholische Stimmungslage. Antriebsschwäche und Lebensüberdruss. Resistenzschwäche. Alte Neuralgien.

Wirkmechanismus

Die Kraft nervaler Äußerungen bildet die Voraussetzung für die Funktionstüchtigkeit der unterschiedlichen Organsysteme. „Kraftwechsel vor Stoffwechsel".

Wirkungsradius

Gastrointestinaltrakt

- Schwäche des blutbereitenden Systems
- Gastropathia nervosa

Herz/Gefäße/Blut/Nerven

- Herabsetzung der plastischen Kraft des Blutes
- Hypotonie
- Muskelschwund
- Neurasthenie
- Depressive Verstimmungen
- Chronische Neuralgien
- Regt die Regeneration der Nervenzellen an
- Folgen von Schädel-Hirn-Traumen
- Organneurosen
- Morbus Raynaud
- Nervöse Schlaflosigkeit
- Neurale Hyperästhesie
- Nervenfieber
- Morbus Parkinson
- Schulkopfschmerzen
- Überforderungssyndrom des Schulkindes
- Konzentrationsstörungen

Lymphsystem

- Verzögerte Rekonvaleszenz
- Störungen der Lymphdrüsen und des Lymphflusses nach Infektionen
- Asthenisches Fieber

Urogenitalsystem

- Sexuelle Reizbarkeit
- Sexuelle Neurasthenie
- Ejaculatio praecox
- Reizblase

JSO Bicomplex 18 unterstützt den Kraftwechsel und wirkt u.a. bei folgenden Zuständen: verzögerte Rekonvaleszenz, bei geschlechtlicher Unter- und Überreizung, allgemeiner Nervenschwäche und Folgen von Säfteverlusten.

JSO Bicomplex 19 – Nerven- und Gehirnmittel

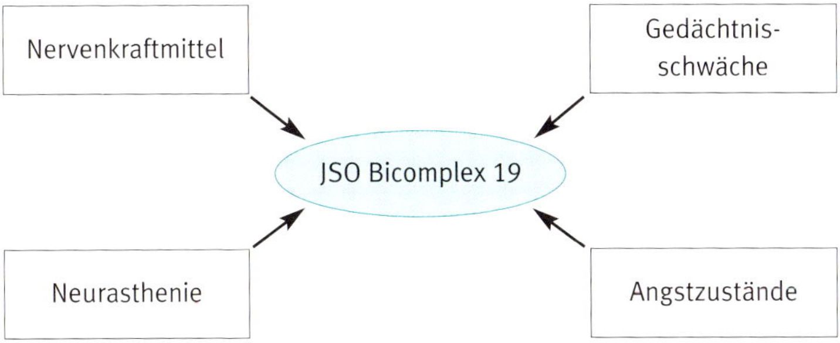

Die Herabstimmung der Nervenkraft vermindert die Reizschwelle und bedingt damit nervale Überreizungszustände, die jedoch nicht Ausdruck von Stärke, sondern der so genannten „reizbaren Schwäche" sind. Dabei handelt es sich um nervöse Reizungen bei in Wahrheit bestehender Schwäche.

Grundwirkungen der Einzelbestandteile

Zusammensetzung

- Ammonium phosphoricum D6
- Calcium phosphoricum D6
- Kalium phosphoricum D6
- Magnesium phosphoricum D6
  jeweils 25 mg pro Tablette

Ammonium phosphoricum D6
Harnsaure Diathese mit Reizungen von Nerven und Gehirn.

Calcium phosphoricum D6
Erethische Form der Skrofulose mit Konzentrationsstörungen und generell verminderter Denkleistung. Nutritionsmittel aller Nerven. Erschöpfungs- und Überforderungssyndrom. Vegetative Formen der Hyperthyreose; reguliert den Grundumsatz. Oxygenoidismus.

Kalium phosphoricum D6
„Nervennahrungsmittel" – Energetikum. Fördert die Energiespeicherung in den Nervenzellen. Neurasthenie. Angstsyndrom. Gedächtnisschwäche.

Magnesium phosphoricum D6
Störungen der biologischen Rhythmik. Normalisiert den Nervenstoffwechsel. Fördert den Schlaf durch seine diastolische Nervenwirkung. Stimmungsschwankungen. Folgen von Stress.

Wirkmechanismus

Die Kraft nervaler Äußerungen bildet die Voraussetzung für die Funktionstüchtigkeit der unterschiedlichen Organsysteme. „Kraftwechsel vor Stoffwechsel". Solche Zustände sind oft Ausdruck einer längere Zeit bestehenden harnsauren Diathese.

Wirkungsradius

Atemwege
- Asthma nervosum
- Keuchhusten

Augen/Ohren/Sensorium
- Augentick, nerval bedingt
- Nystagmus
- Licht- und Geräuschempfindlichkeit
- Altersschwerhörigkeit

Gastrointestinaltrakt
- Gastropathia nervosa
- Psychosomatische Verdauungsbeschwerden
- Colon irritabile

Haut und Hautanhangsgebilde
- Nervöses Hautjucken
- Erhöhte Sensibilität der Haut mit und ohne Exanthem

Herz/Gefäße/Blut/Nerven
- Funktionelle Herzbeschwerden
- Nervöse Hypertonie
- Angina pectoris nervosa
- Unterstützend bei Überleitungsstörungen wie Tachykardie, Extrasystolie, Arrhythmie
- Hyperkinetisches Herz-Kreislauf-Syndrom
- Angstzustände mit Herzklopfen
- Vasomotoren- und Spannungskopfschmerzen, Neuralgien
- Organneurosen
- Denk- und Konzentrationsschwäche
- Reizbarkeit und Nervenerschöpfung
- Globus hystericus
- Schlafstörungen infolge von Nervenschwäche
- Wechsel zwischen Hyperaktivität und Antriebslosigkeit
- Depressive Verstimmung
- Unterstützend bei Parkinsonismus und multipler Sklerose

Muskulatur/Gelenke
- Muskelzuckungen
- Zwerchfellkrampf, Schluckauf

Urogenitalsystem
- Prämenstruelles Syndrom
- Nervöse Mensesstörungen, mit und ohne Ausfluss
- Potenzstörungen

JSO Bicomplex 19 stellt eine „Nervennahrung“ dar, das Mittel normalisiert und ökonomisiert den Stoffwechsel des gesamten Nervensystems.

JSO Bicomplex 20 – Nierenmittel

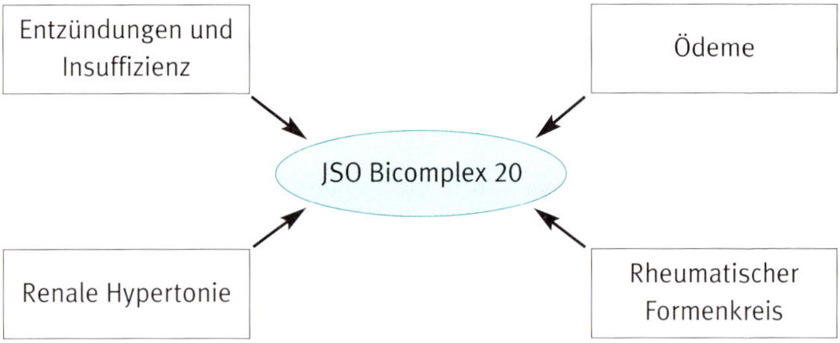

Die Nieren als Filterorgane reinigen das Blut und dienen der mesenchymalen Entgiftung. Nach der Vorbereitung durch Leber und Milz scheiden sie mit hohem Energieaufwand harnpflichtige Substanzen aus. Akute und chronische Erkrankungen der Nieren bewirken eine renale Dyskrasie und führen zu mannigfaltigen Folgekrankheiten.

Grundwirkungen der Einzelbestandteile

Zusammensetzung

- Ferrum phosphoricum D12
- Kalium arsenicosum D6
- Kalium chloratum D6
- Kalium sulfuricum D6
  jeweils 25 mg pro Tablette

Ferrum phosphoricum D12
Akute und subakute Harnwegskatarrhe mit erhöhter Irritabilität der Schleimhäute. Reguliert die Druckverhältnisse im Tubulussystem der Nieren. Erhöhte Dysorie der Nierengefäße.

Kalium arsenicosum D6
Subakute bis chronische Nephritis. Nierenerkrankungen mit Neigung zur Hypertonie. Schrumpfniere. Albuminurie. Renale Ödeme. Vikariierende Hautreaktionen.

Kalium chloratum D6
Subakute bis chronische Nephritis. Eiweißharnen. Subakute Pyelonephritis. Urin wolkig, weiß-grau mit Schleimfetzen.

Kalium sulfuricum D6
Chronische Katarrhe und Entzündungen im Urogenitalbereich. Harn gelblich schleimig.

Wirkmechanismus

Die Wirkung von JSO Bicomplex 20 umfasst in seiner Wirkung akute und chronische Entzündungen und die Folgeerscheinungen bei Störungen der renalen Elimination.

Wirkungsradius

Atemwege
- Renal bedingtes bronchitisches Syndrom

Augen/Ohren/Sensorium
- Blepharitis bei renaler Ausscheidungsstörung
- Glaukom

Gastrointestinaltrakt
- Ausscheidungskatarrhe

Haut und Hautanhangsgebilde
- Renal bedingte Ekzeme und Exantheme
- Psoriasis
- Hyperhidrosis
- Juckreiz

Herz/Gefäße/Blut/Nerven
- Renal bedingte Hypertonie
- Nervenreizungen durch harnpflichtige Substanzen
- Nierenkopfschmerzen
- Renale Dyskrasie

Muskulatur/Gelenke
- Säurekrämpfe
- Entzündliche Reizungen von Muskulatur und Gelenken
- Bursitis

Urogenitalsystem
- Prämenstruelles Syndrom
- Blasenreizung durch Säuren
- Chronische Erkrankungen der ableitenden Harnwege, auch mit eitriger Harnabsonderung
- Nephritisformen
- Nephrolithiasis
- Eiweißharnen
- Autointoxikation
- Unterstützend bei Glomerulonephritis, Niereninsuffizienz
- Pyelonephritis
- Gichtniere

JSO Bicomplex 20 beeinflusst Erkrankungen im Nieren- und Blasensystem und deren Folgeerscheinungen wie Hypertonie, Ausscheidungsgastritis, Rheuma und Steinleiden.

JSO Bicomplex 21 – Schleimhautmittel

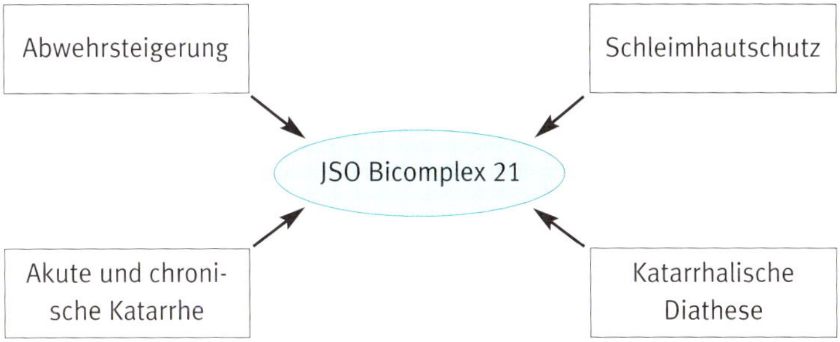

Die Schleimhäute fungieren als eines der wichtigsten Ausscheidungs- und Abwehrsysteme (RES). Sie dienen zudem als Ausgleichsfelder, insbesondere für das jeweils zugehörige Lymphsystem. Katarrhe entstehen nur dann, wenn Stockungen und Stauungen im Lymphapparat vorhanden sind. Die Funktion der Schleimhautdrüsen wird nicht zuletzt stark beeinträchtigt, wenn proliferative Reizungen in der Submukosa vorliegen.

Grundwirkungen der Einzelbestandteile

Zusammensetzung

- Kalium chloratum D6
- Kalium sulfuricum D6
- Natrium chloratum D6
- Natrium sulfuricum D6
- Silicea D12

  jeweils 20 mg pro Tablette

Kalium chloratum D6
Exsudativ-allergische Diathese. Fibrinöse Katarrhe. Lymphatische Stauungen mit Infektneigung. Teigige Lymphdrüsenschwellungen. Pseudomembranbildungen.

Kalium sulfuricum D6
Chronische Schleimhautkatarrhe. Pseudohypertrophie der Schleimhäute mit Neigung zu Polypenbildung. Mild eitrige Sekrete. Antagonistische Reaktionen von Haut zu Schleimhaut.

Natrium chloratum D6
Trockene und feuchte Katarrhe. Schleimhautschwellungen.

Natrium sulfuricum D6
Fördert die Sekretion der Schleimhautdrüsen. Schwellungskatarrhe.

Silicea D12
Chronisch-proliferative und eitrige Katarrhe. Trockenheit der Schleimhäute. Fördert die Abwehrleistung der Schleimhäute (RES). Abschlussmittel nach akuten Infektionen.

Wirkmechanismus

JSO Bicomplex 21 unterstützt die physiologische Tätigkeit aller Schleimhautsysteme im Organismus. Es kommt besonders zum Einsatz bei subakuten und chronischen Erkrankungen (Fokus), besonders im Bereich der oberen Atemwege als primäre Station der Körperabwehr.

Wirkungsradius

Atemwege
- Alle akute und chronische Katarrhe
- Sinusitis und Pansinusitis
- Akute und chronische Bronchitisformen mit und ohne Heiserkeit

- Verschleppte Katarrhe
- Alle Erkrankungen mit Verschleimungszuständen
- Ozäna
- Schleimhautlymphatismus
- Heuschnupfen

Augen/Ohren/Sensorium
- Blepharokonjunktivitis
- Gerstenkorn und andere eitrige Erkrankungen
- Unterstützend bei Hornhautgeschwüren
- Eitrige Erkrankungen von Mittelohr und Gehörgängen

Gastrointestinaltrakt
- Alle chronischen und rezidivierenden Schleimhautreizungen
- Morbus Crohn
- Proktitis
- Obstipation
- Afterjucken

Haut und Hautanhangsgebilde
- Schleimhauterkrankungen durch unterdrückte Hautatmung

Lymphsystem
- Submuköse Lymphdrüsenstauungen
- Neigung zu Polypen

Muskulatur/Gelenke
- Katarrhneigung der serösen Häute

Urogenitalsystem
- Chronisch rezidivierende Katarrhe
- Schwangerschaftsbeschwerden

JSO Bicomplex 21 vermehrt Kraft und Tätigkeit des gesamten Schleimhautsystems.

JSO Bicomplex 22 – Schwangerschaftsmittel

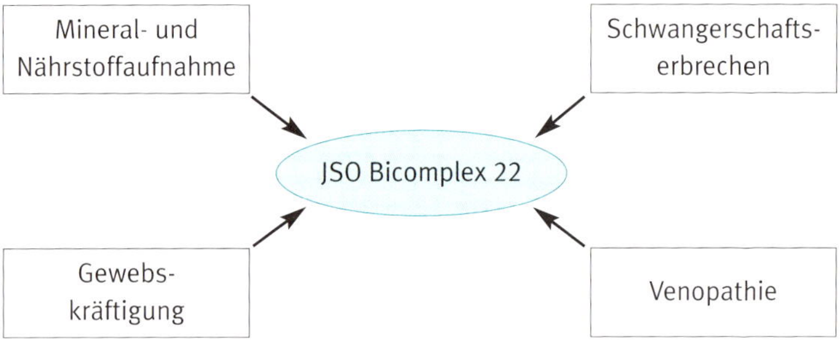

JSO Bicomplex 22 beeinflusst den erhöhten Bedarf an Nährstoffen in der Schwangerschaft, vermindert miasmatische Manifestationen bei der Frucht und verhindert Erschlaffungszustände und Ausscheidungsminderungen während und nach der Schwangerschaft.

Grundwirkungen der Einzelbestandteile

Zusammensetzung

- Calcium fluoratum D12
- Calcium phosphoricum D6
- Ferrum phosphoricum D6
- Kalium phosphoricum D6
- Magnesium phosphoricum D6
- Silicea D12
  jeweils 16,66 mg pro Tablette

Calcium fluoratum D12
Eugenische Indikation. Festigt das Fasergewebe. Beugt Striae vor. Zur Erleichterung der Geburt.

Calcium phosphoricum D6
Eugenische Indikation. Stabilisiert den Calciumhaushalt in der Schwangerschaft. Verbessert die Blutqualität. Entstaut das Lymphsystem. Schwangerschaftserbrechen.

Ferrum phosphoricum D6
Verbessert die Blutqualität und hält die Blutbewegung aufrecht. Wirkt auf den Tonus der Muskulatur. Dyspeptische Störungen in der Schwangerschaft mit und ohne Erbrechen.

Kalium phosphoricum D6
Stabilisiert den Energiehaushalt. Schwangerschaftserbrechen. Fördert den Schlaf.

Magnesium phosphoricum D6
Entspannt die glatte Muskulatur und reguliert die Wehentätigkeit. Reguliert den Calciumstoffwechsel. Fördert die Schlaftiefe.

Silicea D12
Verbessert die Aufnahme von Elektrolyten und Vitaminen. Fördert die mesenchymalen Funktionen. Zur Erleichterung der Geburt.

Wirkmechanismus

Das Mittel verbessert die Vitamin- und Elektrolytaufnahme, vermeidet Schwangerschaftsfolgen bei der Mutter und sorgt für eine optimale Nutrition des werdenden Lebens.

Wirkungsradius

Gastrointestinaltrakt
- Schwangerschaftserbrechen
- Neigung zur Obstipation

Haut und Hautanhangsgebilde
- Erhöht die elastische Grundfunktion der Haut und beugt Schwangerschaftsstreifen vor

Herz/Gefäße/Blut/Nerven
- Zur Vorbeugung von Venenerschlaffungen
- Beugt dem Hämorrhoidalleiden vor
- Schwangerschaftsbedingte Kreislaufstörungen
- Anämiesyndrom während der Schwangerschaft

Lymphsystem
- Verhindert wässrig lymphatische Stauungszustände
- Lymphangitis mesenterialis

Muskulatur/Gelenke
- Wirkt Muskelerschlaffungen entgegen und fördert die Rückbildung post partum

Urogenitalsystem
- Fördert die Nutrition der Frucht
- Verhindert Bändererschlaffung und fördert die Rückbildung
- Fördert die Elastizität der Geburtswege
- Verhindert Blasenschwäche

JSO Bicomplex 22 dient der Erhaltung der Gewebselastizität, vermindert Schwangerschaftsbeschwerden und verbessert die Mineral- und Nährstoffaufnahme.

JSO Bicomplex 23 – Konstitutionsmittel

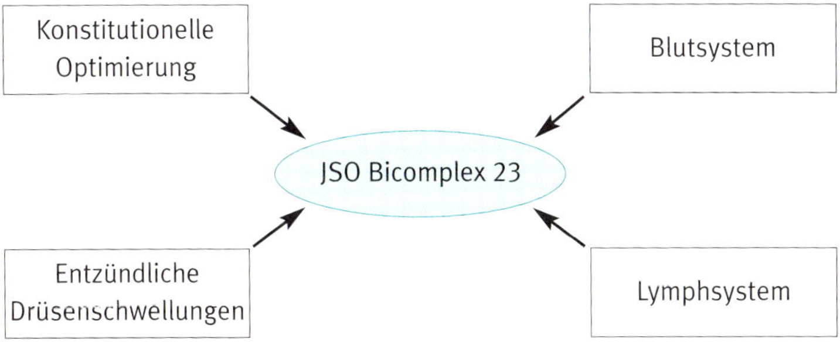

Dieses Mittel umfasst in seiner Wirkung die verwandtschaftliche Beziehung zwischen Lymphdrüsen, endokrinen Drüsen und Blutsystem. Drüsen beeinflussen den Lymph- und Blutfluss. Veränderungen ihrer Funktion bewirken Durchflussstörungen und beeinträchtigen den Säftefluss. Diese Wirkung macht das Mittel zu einem Basistherapeutikum in der Konstitutionstherapie.

Grundwirkungen der Einzelbestandteile

Zusammensetzung

- Calcium fluoratum D12
- Ferrum phosphoricum D12
- Kalium sulfuricum D6
- Natrium chloratum D6
- Silicea D12

  jeweils 20 mg pro Tablette

Calcium fluoratum D12
Stärkt die Kraft aller Bindegewebestrukturen. Fördert die Jodaufnahme der Schilddrüse. Fördert Knochenwachstum und Gewebsreifung. Lymphdrüsenverhärtungen.

Ferrum phosphoricum D12
Wirkt auf den Eisenhaushalt, die Blutqualität und die Gefäßdynamik. Beeinflusst das RES. Akute Entzündungen.

Kalium sulfuricum D6
Fördert Entgiftungsvorgänge, insbesondere durch die Leber, und verbessert die Hautfunktion. Chronische Entzündungen.

Natrium chloratum D6
Fördert die Verdauungskraft, die Säfteentstehung und die Nutrition durch eine gute Blutqualität. Reguliert den Wasserhaushalt. Wässrige Drüsenschwellungen.

Silicea D12
Verbessert die Kolloidalstrukturen der Gewebe und die mesenchymale Funktion der interstitiellen Räume. Vermehrt die Abwehrfunktion, wirkt leuko- und lymphotrop. Nutritionsmittel für Knochen und Gelenke. Kleine und harte Lymphdrüsen. Verbessert die kalorische Grundfunktion.

Wirkmechanismus

Im naturheilkundlichen Sinne beeinflusst das Konstitutionsmittel den physiopathologischen Formenkreis der Skrofulose, deren Hauptkriterium die Störungen im chylopoetischen System des Abdomens darstellt. Mit den Störungen der Säftebildung allgemein wird eine Verminderung der stoffwechselaktiven Körperflüssigkeiten konstatiert; gleichzeitig wird im mesenchymalen Gewebe der Klärstrom und in den Ausscheidungsorganen die Elimination vermindert. Die Schleimhäute als Ausgleichsfelder zeigen oft katarrhalische Reizungen.

Wirkungsradius

Atemwege
- Konstitutionell fixierte und rezidivierende Katarrhe und Entzündungen

Augen/Ohren/Sensorium
- Skrofulöse Augenerkrankungen

Gastrointestinaltrakt
- Schleimhautkatarrhe vor dem Eintreten akuter Erkrankungen
- Durchfallneigung
- Lymphangitis und -adenitis mesenterialis mit und ohne Appendixreizung

Haut und Hautanhangsgebilde
- Veränderungen der Haut und des subkutanen Gewebes
- Fördert die Hautatmung

Lymphsystem
- Stabilisiert die Resistenz des Lymphsystems
- Unterschiedliche Lymphdrüsenaffektionen

Durch seine Wirkung auf Säfte, Drüsen und mesenchymale Anteile verbessert JSO Bicomplex 23 konstitutionelle Eigenschaften und Entzündlichkeiten im Drüsensystem.

JSO Bicomplex 24 – Ausscheidungsmittel

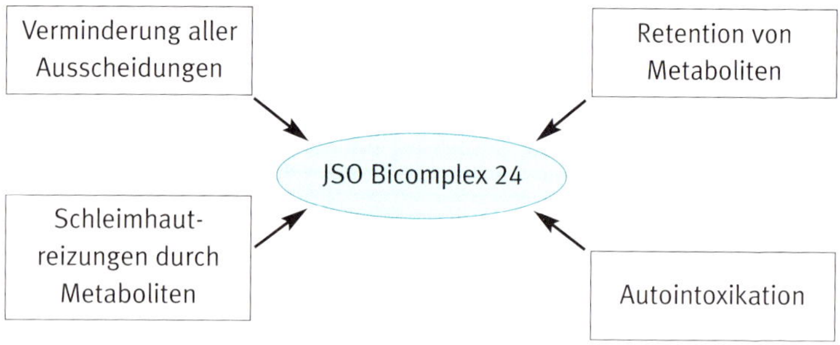

Verminderte Ausscheidungsvorgänge haben nicht nur mesenchymale Gewebsreizungen und Depositionen zur Folge, sondern auch Schleimhautreizungen der Ausscheidungsorgane, insbesondere von Blase und Darm.
Dieser JSO Bicomplex vermag alle Ausscheidungsprozesse in Gang zu setzen oder sie zu unterstützen, ohne dass Folgeerscheinungen auftreten müssen. JSO Bicomplex 24 stellt ein gutes Wechselmittel zu JSO Bicomplex 9 dar.

Grundwirkungen der Einzelbestandteile

Zusammensetzung

- Ferrum phosphoricum D12
- Kalium chloratum D6
- Natrium phosphoricum D6
- Natrium sulfuricum D6
  jeweils 25 mg pro Tablette

Ferrum phosphoricum D12
Akute Katarrhe der Ausscheidungsorgane. Anregung der Zottenpumpe zur Verbesserung der Absorption und Ausscheidungsvorgänge. Akute Harnwegskatarrhe. Aktiviert die Zellatmung.

Kalium chloratum D6
Subakute bis chronische Katarrhe. Schleimhämorrhoiden. Blasenkatarrhe; weiß-grauer Urin, wolkig mit Schleimfetzen. Lymphatische Stauungszustände.

Natrium phosphoricum D6
Schleimhautreizungen durch Säuren. Ausscheidungskatarrhe.

Natrium sulfuricum D6
Regt jede eliminatorische Funktion an. Scheidet überschüssiges Wasser und darin gelöste Stoffe aus. Katarrhe durch Schärfen. Reinigt das Mesenchym und verbessert seine Elastizität.

Wirkmechanismus

Dieses Mittel ist ein Funktionsmittel im Hinblick auf alle (Zellen, Gewebe, Organe) Ausscheidungsprozesse im Organismus. Es verhindert Retentionstoxikosen und deren Folgen.

Wirkungsradius

Atemwege

- Renal bedingte Atemwegserkrankungen
- Ausscheidungskatarrhe der Luftwege
- Katarrhe der Atemwege mit Foetor ex ore bei unvollständiger Darmentleerung

Augen/Ohren/Sensorium

- Augenkatarrhe durch Harnsäure und andere Schärfen
- Chronische Blepharitis
- Schwellungskatarrhe der Ohren

Gastrointestinaltrakt

- Tonusschwankungen der Darmmuskulatur und Sekretstörungen der Schleimhautdrüsen durch herabgesetzte Funktion der Zottenpumpe
- Cholecystitis
- Ikterus
- Neigung zur Obstipation, auch bei täglicher Entleerung
- Diarrhoea paradoxa
- Proktitis mit Schleimhämorrhoiden

Haut und Hautanhangsgebilde

- Übermäßiges Schwitzen durch Ausscheidungsstörungen
- Übelriechende Schweiße
- Vikariierende Hauterscheinungen durch Schärfen
- Juckreiz

Herz/Gefäße/Blut/Nerven

- Abdominelle und renale Kopfschmerzsyndrome
- Allgemeine und lokale Venosität
- Roemheld-Syndrom
- Dyspepsien

Lymphsystem
- Lymphatische Stockungen und Stauungen im Abdomen und im kleinen Becken
- Autointoxikation

Muskulatur/Gelenke
- Säurekrämpfe, Muskelkater bei verminderter Elimination
- Wirbelsäulen- und Gelenkerkrankungen infolge verminderter Ausscheidung

Urogenitalsystem
- Katarrhe der ableitenden Harnwege durch Säuren und Schärfen
- Reizblase
- Nephritis
- Nephrolithiasis
- Hepatorenales Syndrom
- Übermäßige Wasseransammlungen während der Schwangerschaft
- Ödeme
- Wechseljahrsbeschwerden

JSO Bicomplex 24 unterstützt als „Ausscheidungsfunktionsmittel" jeden Eliminationsvorgang.

JSO Bicomplex 25 – Wassersuchtmittel

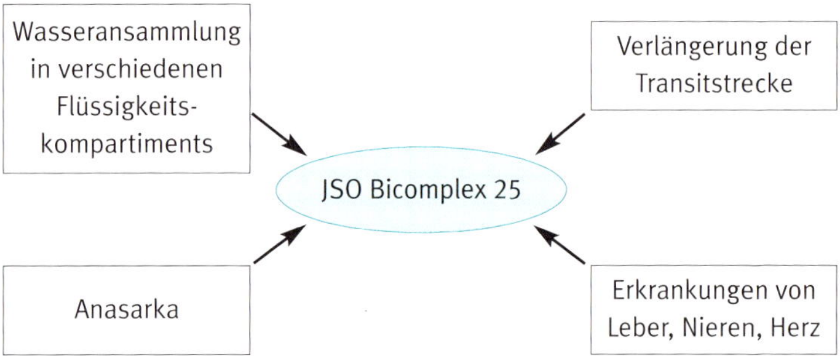

Unterschiedliche Erkrankungen, insbesondere von Leber, Nieren und Herz, sind in der Lage, die Kolloidalstruktur des Körperwassers so zu verändern, dass Ödeme in den verschiedenen Kompartiments entstehen können. JSO Bicomplex 25 eliminiert – trotz unterschiedlicher ätiologischer Komponenten – überschüssiges Wasser aus den Geweben.

Grundwirkungen der Einzelbestandteile

Zusammensetzung

- Kalium arsenicosum D6
- Kalium chloratum D6
- Kalium phosphoricum D6
- Natrium sulfuricum D6
  jeweils 25 mg pro Tablette

Kalium arsenicosum D6
Wasserretention bei chronischen Nierenerkrankungen mit und ohne Hauterscheinungen. Gesichtsödeme.

Kalium chloratum D6
Eiweißspuren im Harn. Subakute bis chronische Katarrhe im Urogenitalsystem. Lymphatische Gesichtsschwellungen, besonders der Augenlider.

Kalium phosphoricum D6
Als Energiemittel aller Zellen unterstützt es die Wasserabsonderung. Es hält den Energiehaushalt der großen Stoffwechselorgane sowie des Herzens aufrecht.

Natrium sulfuricum D6
Treibt überschüssiges Wasser aus den Geweben und vermehrt deren elastische Grundfunktion und damit deren Energiesituation. Fördert den Gallefluss und die Harnausscheidung.

Wirkmechanismus

JSO Bicomplex 25 bringt überschüssiges Wasser aus allen betroffenen Geweben zur Ausscheidung, indem er die zu Grunde liegenden Störungen an Leber, Niere und Herz positiv beeinflusst.

Wirkungsradius

Atemwege
- Stauungen in den Lungen durch beginnende kardiale Insuffizienz
- Asthmoide Reaktionen bei Ausscheidungsstörungen der Nieren

Gastrointestinaltrakt
- Stauungsleber
- Fettleber mit diskretem Aszites
- Dyscholie

Haut und Hautanhangsgebilde
- Anasarka
- Ausscheidungskatarrhe der Haut
- Hydrogenoide Verquellungen

Herz/Gefäße/Blut/Nerven
- Wasseransammlungen in der peripheren Strombahn
- Herzschwäche mit prätibialen Ödemen
- Gefäßkopfschmerzen
- Verlängerung der Transitstrecke
- Blutverwässerung
- Renale Hypertonie

Muskulatur/Gelenke
- Muskelkrämpfe bei Retention harnpflichtiger Stoffe und bei Herz-Kreislauf-Störungen
- Rheumatischer Formenkreis

Urogenitalsystem
- Chronische Nierenerkrankungen mit Neigung zu Hypertonie und Ödemen
- Nephrolithiasis
- Subakute bis chronische Pyelonephritis
- Chronische Glomerulonephritis
- Albuminurie
- Hepatorenales Syndrom
- Wechseljahrsbeschwerden

JSO Bicomplex 25 wirkt bei übermäßigen wässrigen Ansammlungen in den verschiedensten Gewebestrukturen, bringt sie zur Ausscheidung und entlastet damit deren Eigenstoffwechsel, der durch Erkrankungen von Leber, Nieren und Herz beeinträchtigt wurde.

JSO Bicomplex 26 – Blasenmittel

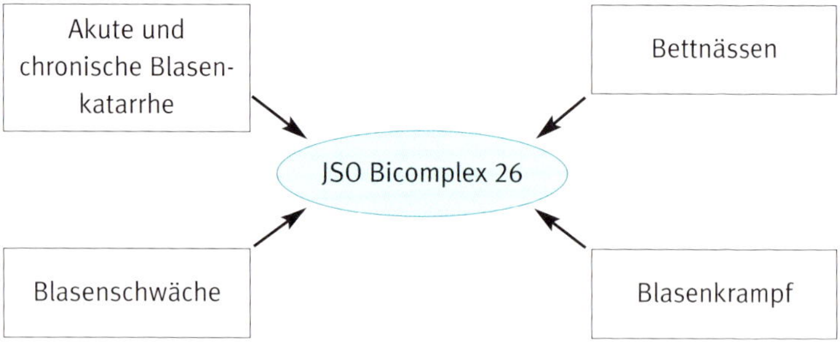

Der Wirkungsradius des Mittels beschränkt sich auf Störungen der Harnblase, deren Auftreten eine nicht unwesentliche familiär-konstitutionelle Fixierung und Rezidivneigung beinhaltet. Dabei bezieht sich die Wirkung universal auf die Schleimhaut, die Muskulatur und die nervale Versorgung der Blase.

Grundwirkungen der Einzelbestandteile

Zusammensetzung

- Calcium phosphoricum D6
- Kalium phosphoricum D6
- Magnesium phosphoricum D6
- Natrium chloratum D6
  jeweils 25 mg pro Tablette

Calcium phosphoricum D6
Blasenentzündung mit Eiweißharnen. Skrofulöse Anlage der Unterleibsorgane. Erhält die Struktur des Übergangsepithels der Blase.

Kalium phosphoricum D6
Blasen- und Sphinkterschwäche. Bettnässen. Reizblase.

Magnesium phosphoricum D6
Setzt den Tonus der glatten Muskulatur herab, Blasenkrampf und häufiger Harndrang. Reizblase.

Natrium chloratum D6
Seröse Katarrhe. Polyurie. Reguliert den Säure-Basen-Haushalt.

Wirkmechanismus

Die kräftigende Wirkung des Mittels auf alle Gewebsstrukturen der Blase verhindert mittel- bis langfristig bakterielle Infektionen und habituelle Reaktionen.

Wirkungsradius

Urogenitalsystem

- Reizblase
- Akute und chronische Blasenkatarrhe
- Blasenkrampf
- Polyurie
- Eiweißharnen
- Blasenschwäche
- Bettnässen
- Harnverhaltung

Die lokale Wirkung von JSO Bicomplex 26 erstreckt sich auf Affektionen der Blasenschleimhaut, der Blasenmuskulatur und ihrer nervalen Versorgung.

JSO Bicomplex 27 – Lebermittel

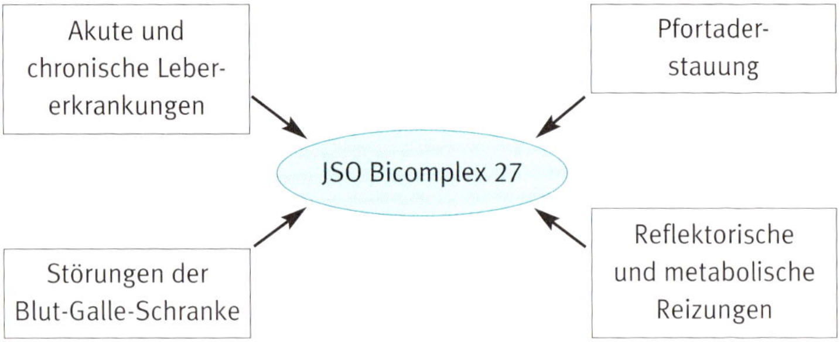

Die Leber als größte Drüse beeinflusst im Grunde jeden Stoffwechselprozess im Organismus. Ihr Konsensus betrifft den Harnsäuremechanismus, den Fettstoffwechsel, die Milzfunktion, die Nierenausscheidung, die Bauchspeicheldrüsentätigkeit, die Augen und den Eiweißhaushalt. Erkrankungen der Leber führen zu Störungen der Ausscheidungsfunktionen und zu Metabolitenretentionen mit Reizungen anderer Organsysteme.

Grundwirkungen der Einzelbestandteile

Zusammensetzung

- Magnesium phosphoricum D6
- Natrium chloratum D6
- Natrium sulfuricum D6
- Silicea D12
  jeweils 25 mg pro Tablette

Magnesium phosphoricum D6
Stützt den Intermediärstoffwechsel der Leber. Verbessert die Gallenabsonderung. Dyskinesien der Gallenwege. Senkt den Cholesterinspiegel.

Natrium chloratum D6
Regt die Drüsentätigkeit an durch Beseitigung wässriger Zellschwellungen. Verbessert die Natriumpumpe. Fördert die Nutrition. Reinigt das Interstitium von Säuren.

Natrium sulfuricum D6
Fördert die eliminatorische Grundfunktion im Leber-Galle-System. Hepato-renales und hepato-lienales Syndrom. Begünstigt den enterohepatischen Gallenkreislauf und regt Sekretion und Motorik des Dickdarms an.

Silicea D12
Verbessert den Kolloidalzustand der Eiweiße im Lebersystem. Wirkt auf die faserigen und mesenchymalen Anteile des Bindegewebes. Hält die Periportalfelder elastisch. Verbessert Energie- und Wärmebildung.

Wirkmechanismus

Der Wirkungskreis von JSO Bicomplex 27 beeinflusst Störungen der Lebertätigkeit und die daraus resultierenden konsensuellen und antagonistischen Reaktionen.

Wirkungsradius

Atemwege

- Leberhusten
- Dyspnoe bei Lebervergrößerung lungenwärts

Augen/Ohren/Sensorium
- Augenkatarrhe und Schwachsichtigkeit
- Grauer und grüner Star

Gastrointestinaltrakt
- Hepatogene Verdauungsstörungen, verbessert vor allem die Fettverdauung
- Leberstauung
- Unterbrechung der Blut-Gallen-Schranke
- Ikterus und Subikterus
- Stauungshepatitis
- Fettleber
- Cholagoge Wirkung bei Stauungsgallenblase
- Lithiasis
- Cholecystopathien
- Hepatogene Obstipation
- Roemheld-Syndrom
- Afterjucken
- Gallige Durchfälle
- Hepato-lienales Syndrom

Haut und Hautanhangsgebilde
- Hautjucken durch gallige Schärfen
- Vikariierende Hauterkrankungen
- Hyperhidrosis
- Psoriasis

Herz/Gefäße/Blut/Nerven
- Hepatogene Kopfschmerzsyndrome
- Hepatogene Kardiopathie
- Schlafstörungen
- Venöse Plethora mit Erhöhung des diastolischen Blutdruckes
- Hämorrhoidalleiden
- Schwangerschaftsbeschwerden

Lymphsystem
- Stauungen im Disse-Raum mit möglichem Übertritt von Gallensäuren
- Autointoxikation
- Ödeme

Muskulatur/Gelenke
- Herabgesetzter Muskeltonus bei Lebererkrankungen

Urogenitalsystem
- Hepato-renales Syndrom

JSO Bicomplex 27 ist vor allem einzusetzen bei lokalen Erkrankungen der Leber und den daraus folgenden reaktiven Störungen.

JSO Bicomplex 28 – Lymphmittel

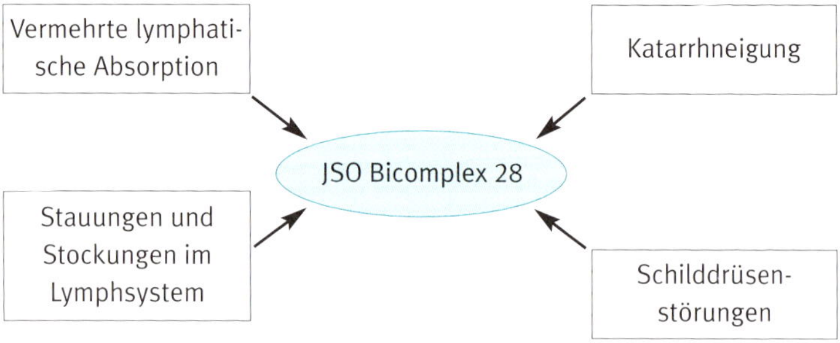

Veränderungen der Lymphdrüsenfunktion bewirken Durchflussstörungen und beeinträchtigen den Lymphfluss. Damit werden Erkrankungen des lymphopoetischen Systems wie auch des Abwehrsystems gefördert. Einerseits wird die Aufgabe der nährenden, andererseits die der reinigenden Lymphe verändert. Schwellungen im Bereich des gesamten Lymphsystems werden von diesem Mittel günstig beeinflusst; darüber hinaus werden Erkrankungen der endokrinen Drüsen, insbesondere der Schilddrüse, regulierend therapiert.

Grundwirkungen der Einzelbestandteile

Zusammensetzung

- Calcium fluoratum D12
- Calcium phosphoricum D6
- Kalium jodatum D6
- Natrium chloratum D6
- Silicea D12

  jeweils 20 mg pro Tablette

Calcium fluoratum D12
Stabilisiert die Lymphdrüsen und -gefäße. Verbessert den Lymphfluss. Kleine und harte Lymphknoten. Lymph- und Schilddrüsenmittel (Jodstoffwechsel).

Calcium phosphoricum D6
Skrofulöse Erkrankungen des gesamten Lymphsystems. Adenoide Vegetation. Unterschiedliche Größe und Konsistenz der Lymphdrüsen.

Kalium jodatum D6
Absorbiert Lymphdrüsenschwellungen. Proliferationen und Indurationen. Schilddrüsenstörungen. Reguliert Drüsen und Drüsensystem. Erkrankungen der weiblichen Brust.

Natrium chloratum D6
Verbessert die nährende Qualität der Lymphe und den Lymphfluss. Beseitigt wässrige Stauungen.

Silicea D12
Wirkt reinigend und entstauend auf das Lymphsystem. Drüseninsuffizienz mit reduzierter Infektabwehr. Unterstützt Leuko- und Lymphozytenbildung. Verbessert die Abwehr.

Wirkmechanismus

Dieses Lymphmittel beeinflusst den physiopathologischen Formenkreis der Skrofulose, deren Hauptkriterium im naturheilkundlichen Sinne die Störung im chylopoetischen System des Abdomens darstellt.

Im engeren Sinne handelt es sich hierbei um Stockungen und Stauungen der Bauchlymphe, Absorptions- und Transportstörungen insbesondere des Lymphsystems. Mit den auftretenden Störungen der Säftebildung wird eine Verminderung der „nährenden Lymphe“ konstatiert; gleichzeitig wird im mesenchymalen Gewebe der Klärstrom und in den Ausscheidungsorganen die Elimination vermindert. Voraussetzung ist eine vermehrte Tätigkeit der aufsaugenden Lymphgefäße, deren Funktion von diesem Mittel deutlich unterstützt wird. Die Schleimhäute als Ausgleichsfelder zeigen nicht selten katarrhalische Reizungen.

Wirkungsradius

Atemwege
- Rezidivierende Atemwegserkrankungen beim Lymphatismus.

Augen/Ohren/Sensorium
- Skrofulöse Augenerkrankungen
- Otitis media
- Mastoiditis
- Tubenkatarrhe

Gastrointestinaltrakt
- Vergrößerung und Stauungen in den Lymphdrüsen des Abdomens
- „Lymphatischer Rosenkranz" unter der Bauchhaut
- Wurmbefall
- Lymphadenitis und Lymphangitis mesenterialis
- Schleimhautkatarrhe durch submuköse Lymphstauungen
- Morbus Crohn
- Schleimhämorrhoiden

Herz/Gefäße/Blut/Nerven
- Herabgesetzte Funktion des Lymphokards
- Lymphatisch-venöse Stauungen
- Blutverwässerung
- Lymphödeme

Lymphsystem
- Allgemeine lymphatische Insuffizienz
- Milchschorf
- Schwellungen und Verhärtungen der Lymphdrüsen
- Adenoide Vegetation

- Tonsillenaffektionen
- Pfeiffer-Drüsenfieber
- Infektanfälligkeit, unterstützt Leuko- und Lymphozytenbildung, verbessert die Blutqualität
- Abschlussmittel nach Entzündungen und Infektionen
- Rekonvaleszenz
- Impffolgen
- Schleimhautpolypen
- Pluriglanduläre Insuffizienz
- Schilddrüsenvergrößerungen, Kropf
- Dysthyreose mit und ohne Herzkopfen

Muskulatur/Gelenke
- Skrofulöse Muskel- und Gelenkerkrankungen
- Trichterbrust
- Hühnerbrust
- Morbus Scheuermann
- Aseptische Nekrosen (M. Perthes, M. Schlatter, M. Köhler)
- Bindegewebsschwäche , Bänderschwäche
- Rheumatischer Formenkreis
- Ganglion

JSO Bicomplex 28 wirkt auf die Lymphdrüsen, die Lymphgefäße und den Lymphfluss und beeinflusst insbesondere die so genannte „absteigende Lymphe“ mit ihrer Reinigungs- und Entgiftungsfunktion.

JSO Bicomplex 29 – Muskelmittel

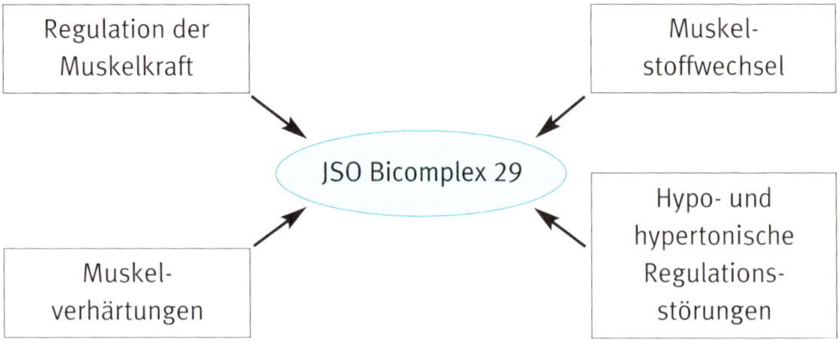

Neben dem Herzen und den Gefäßen ist die Muskulatur Sitz der Irritabilität (Erregbarkeit). Der Zustand der Muskelkraft weist den Diagnostiker hin auf die allgemeine Erregbarkeit der Faser sowie auf die Tonuseigenschaften im Organismus. Das Muskelmittel wirkt auf Grund seiner Zusammensetzung als Regulans der muskulären Spannkraft.

Grundwirkungen der Einzelbestandteile

Zusammensetzung

- Calcium fluoratum D12
- Calcium phosphoricum D6
- Ferrum phosphoricum D12
- Kalium sulfuricum D6
- Natrium chloratum D6
- Silicea D12

  jeweils 16,66 mg pro Tablette

Calcium fluoratum D12
Reguliert die mechanische Kraft der Muskelfaser und der Sehnen. Löst Verhärtungen. Optimiert die Vorspannung des Herzmuskels (preload).

Calcium phosphoricum D6
Muskelerschlaffung und Überstreckbarkeit der Gelenke. Strukturmittel. Verbessert den Muskelstoffwechsel durch Optimierung der Membranleistung. Reguliert die Impulsübertragung auf die Muskelendplatte.

Ferrum phosphoricum D12
Reguliert die funktionelle Vitalität der Muskulatur. Tonusmittel. Myositis.
Muskuläre Verspannungen. Muskelkater.

Kalium sulfuricum D6
Verbessert den Muskelstoffwechsel durch Förderung der zellulären Ausscheidungsvorgänge. Sauerstoffmangel. Energiemangel.

Natrium chloratum D6
Reguliert den Säure-Basen-Haushalt der Muskulatur. Verbessert die Zellerregbarkeit.

Silicea D12
Muskelerschlaffung. Bänderschwäche. Verminderte Wärmebildung. Ablagerung von Säuren.

Wirkmechanismus

Die Muskelkraft steht im Organismus für die mechanische Kraft der Faser sowie für die bewegende Energie; in diesem Sinne auch für den dissimilatorischen Teil der Energietransformation, somit auch im Dienst der Energiegewinnung. Die Spannung der Muskulatur ist Parameter für den Energiehaushalt. Der Muskeltonus ist Garant für die physiologische Höhe der Reizschwelle.

Wirkungsradius

Atemwege
- Erhält die Elastizität des retikulären Bindegewebes in den Lungen
- Lungenblähung
- Abwehrsteigerung der Atemwege

Augen/Ohren/Sensorium
- Schielen
- Ektropium
- Liderschlaffung
- Funktionelle Miosis und Mydriasis

Gastrointestinaltrakt
- Tonusschwankungen der glatten Muskulatur im Magen-Darm-Trakt
- Magenatonie
- Gastroenteroptose

Haut und Hautanhangsgebilde
- Schlaffe und trockene Haut
- Hyperkeratosen und rissige Haut
- Haarausfall
- Hühnerauge
- Nagelbrüchigkeit

Herz/Gefäße/Blut/Nerven
- Altersherz
- Gefäßerschlaffungen
- Varikosis
- Hypotone Regulationsstörungen

Lymphsystem
- Lymphstauungen durch verminderte Muskeltätigkeit

Muskulatur/Gelenke
- Akute und chronische Myositis
- Fibromyalgie
- Muskelschwund
- Muskelerschlaffungen
- Muskelkater
- Senk- und Spreizfuß
- Dynamische Störungen der Wirbelsäule durch Muskelschwäche (Rundrücken)
- Gelenksyndrome bei muskulärer Gewebsschwäche
- Tonusschwankungen

Urogenitalsystem
- Gebärmuttersenkung
- Blasensenkung
- Blasensphinkterschwäche

JSO Bicomplex 29 kann infolge seiner biochemischen Zusammensetzung einen bestehenden Hypertonus senken und ebenso den Hypotonus anheben.

JSO Bicomplex 30 – Zahnmittel

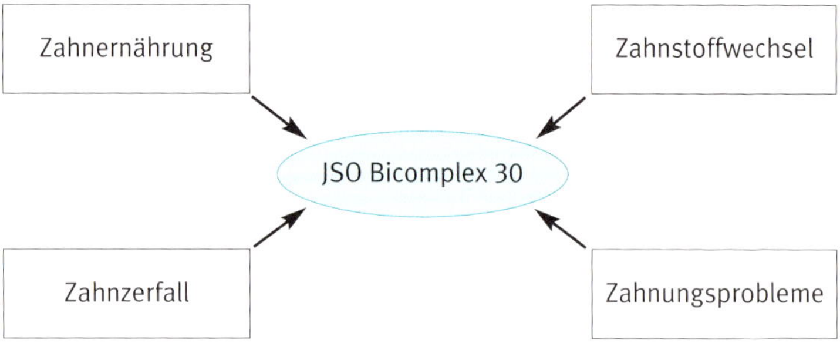

Wie die Knochen als bradytrophe Gewebe besitzen die Zähne einen langsamen Stoffwechsel. Dieser benötigt für seine aktiven Prozesse Wärme, Feuchtigkeit und Elastizität. Diese Qualitäten verbessern die Lebenseigenschaften der Zähne. Insbesondere macht sich dies beim Zahnen, aber auch bei Zahnerkrankungen wie z.B. Karies bemerkbar.

Grundwirkungen der Einzelbestandteile

Zusammensetzung

- Calcium fluoratum D12
- Calcium phosphoricum D6
- Kalium chloratum D6
- Silicea D12
  jeweils 25 mg pro Tablette

Calcium fluoratum D12
Fluorprophylaxe. Erleichtert den Durchbruch der Zähne. Verleiht Festigkeit und kräftigt den Zahnschmelz. Karies. Tonnenzähne. Kräftigt die Sharpey-Fasern, fördert den Zahnhalt.

Calcium phosphoricum D6
Aufbau- und Kräftigungsmittel. Schmerzen beim Zahnen. Langsames Zahnen und rascher Zahnzerfall. Sägeform der Schneidezähne (tuberkulinische Grundlage). Verbessert die Zahnstruktur und kräftigt den Zahnschmelz.

Kalium chloratum D6
Entzündliche Erscheinungen beim Zahnen. Exsudative und katarrhalische Begleiterscheinungen beim Zahnen.

Silicea D12
Antiskrofulöse Wirkung. Nutritionsmittel. Verbessert die Zahnsubstanz. Verlangsamtes Zahnen. Erhöht die Vitamin- und Mineralaufnahme.

Wirkmechanismus

JSO Bicomplex 30 ist bei allen Affektionen der Zähne und deren Halteapparat einsetzbar.

Wirkungsradius

Kieferknochen und Zähne
- Erleichterung des Zahnens
- Impaktierte Zähne
- Zahnungsbeschwerden
- Erschwertes Zahnen
- Vermindert die katarrhalischen Begleiterscheinungen beim Zahnen
- Kräftigt Zahnbein und Zahnschmelz

- Gegen frühzeitigen Zahnzerfall
- Karies
- Zahnfleischtaschen
- Kräftigt die Sharpey-Fasern und stabilisiert den Halt der Zähne
- Verbessert den Zahnstoffwechsel
- Tonnenzähne
- „Sägezähne“
- Fehlstellungen der Zähne (Unterstützung bei der Zahnregulierung)
- Parodontose
- Aphthen

Die Wirkung von JSO Bicomplex 30 erstreckt sich auf ein „Physiologisch-Machen“ des Zahnstoffwechsels in Bezug auf Energiehaushalt, Festigkeit und Struktur.

Rezeptierteil
und
Anhang

Anwendungsgebiet	**Mittel**	**Seite**
Abszesse	JSO Bicomplex 14	62
Abwehrschwäche	JSO Bicomplex 15	65
Abwehrsteigerung		
Bei verminderter Blutkraft	JSO Bicomplex 2	18
Bei Schleimhautschwäche	JSO Bicomplex 21	83
Bei lymphatischer Schwäche	JSO Bicomplex 23	89
Bei Muskel- und Energieschwäche	JSO Bicomplex 29	110
Adenoide Vegetation		
Lymphatische Hyperplasie	JSO Bicomplex 28	106
Zur Verbesserung der Schleimhautfunktion	JSO Bicomplex 21	83
Adnexitis		
Akute Entzündungen	JSO Bicomplex 6	34
Hormonelle Regulation	JSO Bicomplex 7	38
Afterjucken		
Grundkrankheit beachten:		
Bei chronischer Verstopfung	JSO Bicomplex 1	14
Bei Darmfunktionsstörungen	JSO Bicomplex 3	22
Bei Schleimhautreaktionen	JSO Bicomplex 21	83
Bei Leber-Galle-Erkrankungen	JSO Bicomplex 27	102
Akanthose		
Allgemeines Hautfunktionsmittel	JSO Bicomplex 11	50
Als Nutritionsmittel	JSO Bicomplex 13	57
→ siehe auch Psoriasis		
Akne		
Bei harnsaurer und rheumatischer Diathese	JSO Bicomplex 9	44
Allgemeines Hautfunktionsmittel	JSO Bicomplex 11	50
Nutritionsstörungen der Haut	JSO Bicomplex 13	57
Bei Eiterungen jeder Art	JSO Bicomplex 14	62

Anwendungsgebiet	**Mittel**	**Seite**
Albuminurie	JSO Bicomplex 20	80
	JSO Bicomplex 25	96
Allergie	JSO Bicomplex 4	19
Spezielle organotrope Therapiehinweise s.u. der entsprechenden Indikation		
• Asthma		
• Colitis ulcerosa		
• Gastritis, exsudativ-allergische		
• Heuschnupfen		
• Konjunktivitis		
• Morbus Bechterew		
• Morbus Crohn		
• Neurodermitis		
• Psoriasis		
• Reizdarmsyndrom		
• Rheumatischer Formenkreis		
• Urticaria		
Alopecia areata	JSO Bicomplex 10	48
→ siehe auch Haarausfall		
Altersherz		
Bei Arteriosklerose und Atheromatose	JSO Bicomplex 8	41
Zur Elastizitätserhaltung des Herzskelettes	JSO Bicomplex 12	54
Nutritionsmittel	JSO Bicomplex 13	57
Bei Herzmuskelschwäche	JSO Bicomplex 29	110
Altersschwerhörigkeit		
Bei Durchblutungsstörungen	JSO Bicomplex 8	41
Bei harnsaurer und rheumatischer Diathese	JSO Bicomplex 9	44
Bei Otosklerose	JSO Bicomplex 13	57
Bei nervösen Störungen	JSO Bicomplex 19	77

Anwendungsgebiet	**Mittel**	**Seite**
Amenorrhö		
→ siehe unter Mensesstörungen		
Analekzem	JSO Bicomplex 11	50
→ siehe auch Hämorrhoiden		
Analfissuren	JSO Bicomplex 1	14
	JSO Bicomplex 17	71
→ siehe auch Fissur		
→ siehe auch Hämorrhoiden		
Analprolaps	JSO Bicomplex 1	14
→ siehe auch Hämorrhoiden		
Anämie		
Hauptmittel bei Anämie und Anämiesyndrom	JSO Bicomplex 2	18
Für das blutbereitende System	JSO Bicomplex 17	71
In der Schwangerschaft	JSO Bicomplex 22	86
→ siehe auch Bleichsucht		
→ siehe auch Chlorose		
Anasarka	JSO Bicomplex 25	96
Angina abdominalis	JSO Bicomplex 8	41
Angina pectoris	JSO Bicomplex 5	30
Angina pectoris nervosa	JSO Bicomplex 19	77
Angina tonsillaris	JSO Bicomplex 6	34
→ siehe auch Tonsillitis		
Angstzustände	JSO Bicomplex 19	77
Antriebsschwäche	JSO Bicomplex 18	74
Aphthen	JSO Bicomplex 30	114

Anwendungsgebiet	Mittel	Seite
Appendizitis, chronische		
Bei Autointoxikation	JSO Bicomplex 1	14
Bei Skrofulose	JSO Bicomplex 4	26
Appetitstörungen		
Bei Skrofulose	JSO Bicomplex 4	26
Bei Tonusstörungen des Magens	JSO Bicomplex 17	71
Arrhythmie		
Ökonomisierung der Herztätigkeit	JSO Bicomplex 12	54
Nervale Grundlage	JSO Bicomplex 19	77
Arteriosklerose		
Hauptmittel bei Arteriosklerose und Atheromatose	JSO Bicomplex 8	41
Säurebelastung	JSO Bicomplex 9	44
Herzstütze	JSO Bicomplex 12	54
Arthritis		
Akute Entzündungen	JSO Bicomplex 6	34
Harnsäure und Rheuma	JSO Bicomplex 9	44
Arthrose		
Bei harnsaurer und rheumatischer Diathese	JSO Bicomplex 9	44
Hauptmittel bei allen Knochen- und Gelenkserkrankungen	JSO Bicomplex 13	57
Asthma		
Bei Skrofulose	JSO Bicomplex 4	26
Bei spasmophiler Diathese	JSO Bicomplex 5	30
Herzstütze	JSO Bicomplex 12	54
Bei Verschleimungszuständen	JSO Bicomplex 15	65
Bei nervöser Grundlage	JSO Bicomplex 19	77
Bei Wassersucht	JSO Bicomplex 25	96
Aszites	JSO Bicomplex 25	96

Anwendungsgebiet	Mittel	Seite
Atemwegserkrankungen		
Konstitutionsbedingte Schwäche	JSO Bicomplex 23	89
Bei Ausscheidungsstörungen	JSO Bicomplex 24	92
Bei Rezidivneigung	JSO Bicomplex 28	106
Aufstoßen	JSO Bicomplex 16	68
	JSO Bicomplex 17	71
→ siehe auch Refluxösophagitis		
Augenerkrankungen		
Bei Durchblutungsstörungen	JSO Bicomplex 8	41
Durch saure Ablagerungen	JSO Bicomplex 9	44
Zur Schleimhautpflege	JSO Bicomplex 21	83
Konstitutionelle Schwäche	JSO Bicomplex 23	89
Spätskrofulose	JSO Bicomplex 28	106
Ausscheidungsgastritis		
→ siehe unter Gastritis		
Ausschläge		
Autointoxikation	JSO Bicomplex 1	14
Hauptmittel für die Haut	JSO Bicomplex 11	50
Autoimmunerkrankungen	JSO Bicomplex 4	26
Autointoxikation		
Enteral	JSO Bicomplex 1	14
Renal	JSO Bicomplex 20	80
Eliminationsstörungen	JSO Bicomplex 24	92
Hepatogen	JSO Bicomplex 27	102
Bänderschwäche		
Verbessert die Gewebsbesaftung	JSO Bicomplex 2	18
Nutrition und Elastizität	JSO Bicomplex 13	57
Skrofulose	JSO Bicomplex 28	106
Begleitgastritis		
→ siehe unter Gastritis		

Anwendungsgebiet	Mittel	Seite
Bettnässen	JSO Bicomplex 26	100
→ siehe auch Reizblase		
Bindegewebsschwäche		
Nutrition und Elastizität	JSO Bicomplex 13	57
Hereditär	JSO Bicomplex 28	106
Bindehautentzündung	JSO Bicomplex 6	34
→ siehe auch Augenerkrankungen		
Bindehautreizung	JSO Bicomplex 4	26
Blähungen		
→ siehe unter Meteorismus		
Blasenentzündung		
Hauptmittel bei allen Entzündungen	JSO Bicomplex 6	34
Bei Dysurie	JSO Bicomplex 20	80
Schleimhauterkrankungen	JSO Bicomplex 21	83
Bei eliminatorischer Schwäche	JSO Bicomplex 24	92
Hauptmittel bei Blasenerrankungen	JSO Bicomplex 26	100
→ siehe auch Zystitis		
Blasenreizung		
Reizung durch Säuren	JSO Bicomplex 9	44
Bei Dysurie	JSO Bicomplex 20	80
→ siehe auch Reizblase		
Blasenschwäche		
Unterleibsantagonismus	JSO Bicomplex 7	38
Während der Schwangerschaft	JSO Bicomplex 22	86
Hauptmittel bei allen Blasen-erkrankungen	JSO Bicomplex 26	100
Sphinkterschwäche	JSO Bicomplex 29	110
Blasensenkung	JSO Bicomplex 29	110

Anwendungsgebiet	Mittel	Seite
Bleichsucht		
Hauptmittel bei Anämie und Anämiesyndrom	JSO Bicomplex 2	18
Für das blutbereitende System	JSO Bicomplex 17	71
In der Schwangerschaft	JSO Bicomplex 22	86
→ siehe auch Anämie		
→ siehe auch Chlorose		
Blepharitis		
Bei Blutschwäche	JSO Bicomplex 2	18
Hauptmittel bei allen Entzünddungen	JSO Bicomplex 6	34
Hauptmittel bei allen Hauterkrankungen	JSO Bicomplex 11	50
Bei Eiterungsneigung	JSO Bicomplex 14	62
Renaler Consensus	JSO Bicomplex 20	80
Bei Ausscheidungsstörungen	JSO Bicomplex 24	92
Blepharokonjunktivitis	JSO Bicomplex 21	83
Bluthochdruck		
→ siehe unter Hypertonie		
Blutschwäche	JSO Bicomplex 18	74
→ siehe auch Anämie		
→ siehe auch Bleichsucht		
Bronchitis		
Bei Lymphatismus	JSO Bicomplex 4	26
Bei spasmophiler Diathese	JSO Bicomplex 5	30
Hauptmittel bei allen Entzündungen	JSO Bicomplex 6	34
Bei Eiterungsneigung	JSO Bicomplex 14	62
Hauptmittel bei allen Bronchitisformen	JSO Bicomplex 15	65

Anwendungsgebiet	Mittel	Seite
Ausscheidungsbronchitis, renal bedingt	JSO Bicomplex 20	80
Verbesserung der Schleimhautresistenz	JSO Bicomplex 21	83
Ausscheidungsbronchitis, hepatogen	JSO Bicomplex 27	102
Brustfellentzündung → siehe unter Pleuritis		
Bursitis → siehe unter rheumatischer Formenkreis		
Cerumenbildung	JSO Bicomplex 13	57
Chlorose	JSO Bicomplex 7	38
→ siehe auch Anämie		
→ siehe auch Bleichsucht		
Cholangitis		
Hauptmittel bei allen Entzündungen	JSO Bicomplex 6	34
Hauptmittel bei allen Leber-Galle-Leiden	JSO Bicomplex 27	102
Cholelithiasis		
Hauptmittel bei allen Entzündungen	JSO Bicomplex 6	34
Bei harnsaurer und rheumatischer Diathese	JSO Bicomplex 9	44
Hauptmittel bei allen Leber-Galle-Leiden	JSO Bicomplex 27	102
Cholezystitis		
Hauptmittel bei allen Entzündungen	JSO Bicomplex 6	34

Anwendungsgebiet	Mittel	Seite
Ausscheidungsstörungen	JSO Bicomplex 24	92
Hauptmittel bei allen Leber-Galle-Leiden	JSO Bicomplex 27	102
Claudicatio intermittens → siehe Arteriosklerose		
Colica mucosa	JSO Bicomplex 3	22
Colitis ulcerosa		
Hauptmittel bei allen Darmerkrankungen	JSO Bicomplex 3	22
Hauptmittel bei allen Entzündungen	JSO Bicomplex 6	34
Colon irritabile		
Hauptmittel bei allen Darmerkrankungen	JSO Bicomplex 3	22
Bei spasmophiler Diathese	JSO Bicomplex 5	30
Bei übermäßiger Säureausscheidung	JSO Bicomplex 9	44
Auf nervöser Grundlage	JSO Bicomplex 19	77
Cor nervosum		
Bei spasmophiler Diathese	JSO Bicomplex 5	30
Herzstütze	JSO Bicomplex 12	54
Auf nervöser Grundlage	JSO Bicomplex 19	77
Cor pulmonale	JSO Bicomplex 12	54
Darmfisteln		
Steigerung der Bildung von Granulationsgewebe	JSO Bicomplex 13	57
Eiterungsneigung	JSO Bicomplex 14	62
Darmgicht		
Hauptmittel bei allen Darmerkrankungen	JSO Bicomplex 3	22

Anwendungsgebiet	Mittel	Seite
Gicht und Rheuma	JSO Bicomplex 9	44
Übersäuerung	JSO Bicomplex 16	68
Darmmuskulatur → siehe unter Tonusschwankungen		
Darmparasiten	JSO Bicomplex 3	22
Depressive Verstimmungen		
Neurohormonelle Dysregulation	JSO Bicomplex 7	38
Kräftigt die Nervenfunktion	JSO Bicomplex 18	74
Angstzustände	JSO Bicomplex 19	77
Dermatosen	JSO Bicomplex 11	50
Diarrhö		
Hauptmittel bei allen Darmerkrankungen	JSO Bicomplex 3	22
Stauungen der Bauchlymphe	JSO Bicomplex 4	26
Übersäuerung	JSO Bicomplex 16	68
Atonie	JSO Bicomplex 17	71
Konstitutionell fixiert	JSO Bicomplex 23	89
Hepatogen	JSO Bicomplex 27	102
Diathese		
Exsudativ-allergisch	JSO Bicomplex 4	26
	JSO Bicomplex 21	83
Harnsaure	JSO Bicomplex 9	44
Neurasthenische	JSO Bicomplex 19	77
Spasmophile	JSO Bicomplex 5	30
Katarrhalische	JSO Bicomplex 6	34
Divertikulitis	JSO Bicomplex 3	22
Divertikulose	JSO Bicomplex 1	14
	JSO Bicomplex 3	22

Anwendungsgebiet	Mittel	Seite
Duodenitis		
→ siehe unter Gastritis		
Durchblutungsstörungen		
→ siehe unter Arteriosklerose		
Durchfall		
→ siehe unter Diarrhö		
Dysbiose		
Darmgifte durch Verstopfung	JSO Bicomplex 1	14
Milieuregulierung	JSO Bicomplex 3	22
Übersäuerung	JSO Bicomplex 16	68
Dyscholie		
Störungen des enterohepatischen Gallenkreislaufes	JSO Bicomplex 3	22
Cholagoge Wirkung	JSO Bicomplex 25	96
Dysmenorrhö		
Entkrampfend	JSO Bicomplex 5	30
Neurohormonelle Dysfunktion	JSO Bicomplex 7	38
Dyspepsie		
Hyperazidität	JSO Bicomplex 16	68
Hypazidität	JSO Bicomplex 17	71
Ausscheidungsstörungen	JSO Bicomplex 24	92
Dysthyreose		
Hauptmittel bei allen Drüsenstörungen	JSO Bicomplex 4	26
Hormonelle Regulation	JSO Bicomplex 7	38
Spätskrofulose	JSO Bicomplex 28	106
Eiterungen		
Hauptmittel bei allen Entzündungen	JSO Bicomplex 6	34
Eiterungen durch Säuren	JSO Bicomplex 9	44

Anwendungsgebiet	**Mittel**	**Seite**
Hauptmittel bei allen Haut-erkrankungen	JSO Bicomplex 11	50
Fördert die Bildung von Granulationsgewebe	JSO Bicomplex 13	57
Eiterungen	JSO Bicomplex 14	62
Eiweißharnen		
Hauptmittel bei allen Nieren-erkrankungen	JSO Bicomplex 20	80
Treibt Feuchtigkeiten aus	JSO Bicomplex 25	96
Blasenkomplikationen	JSO Bicomplex 26	100
Ejaculatio praecox	JSO Bicomplex 18	74
→ siehe auch Impotenz		
Ektropium		
Gewebsstraffung	JSO Bicomplex 13	57
Bei Muskelschwäche	JSO Bicomplex 29	110
Ekzem		
Intestinal	JSO Bicomplex 1	14
Entzündlich	JSO Bicomplex 6	34
Hauptmittel für die Haut	JSO Bicomplex 11	50
Renal	JSO Bicomplex 20	80
Emphysembronchitis		
→ siehe unter Bronchitis		
→ siehe unter Lungenemphysem		
Endokrine Drüsenstörungen		
Lymphatische Drüsenerkrankungen	JSO Bicomplex 4	26
Neurohormonelle Störungen	JSO Bicomplex 7	38

Anwendungsgebiet	**Mittel**	**Seite**
Energiemangel		
→ siehe unter Anämie		
→ siehe auch Infektanfälligkeit		
→ siehe unter Nervenschwäche		
→ siehe auch Rekonvaleszenz		
→ siehe unter Tonus		
Enteroptose		
Gewebsstraffung	JSO Bicomplex 13	57
Bei Muskelschwäche	JSO Bicomplex 29	110
Entropium	JSO Bicomplex 13	57
Enuresis		
→ siehe unter Bettnässen		
Entzündungen		
Hauptmittel bei allen Entzündungen	JSO Bicomplex 6	34
Hauptmittel bei Eiterungen	JSO Bicomplex 14	62
Spezielle organotrope Therapiehinweise s. u. der entsprechenden Indikation		
Erschöpfung	JSO Bicomplex 18	74
	JSO Bicomplex 19	77
→ siehe auch Anämie		
→ siehe auch Infektanfälligkeit		
→ siehe auch Nervenschwäche		
→ siehe auch Rekonvaleszenz		
→ siehe auch Tonusschwankungen		
Erysipel		
Hauptmittel bei allen Entzündungen	JSO Bicomplex 6	34
Hauptmittel für die Haut	JSO Bicomplex 11	50

Anwendungsgebiet	Mittel	Seite
Exanthem		
Hauptmittel bei allen Entzündungen	JSO Bicomplex 6	34
Hauptmittel für die Haut	JSO Bicomplex 11	50
Nervöse Hauterscheinungen	JSO Bicomplex 19	77
Renale Ausscheidungsschwäche	JSO Bicomplex 20	80
Exostosen		
Durch Säuren	JSO Bicomplex 9	44
Knochenstoffwechsel	JSO Bicomplex 13	57
Fersensporn		
Periostitis	JSO Bicomplex 6	34
Durch Säuren	JSO Bicomplex 9	44
Knochenstoffwechsel	JSO Bicomplex 13	57
Fertilitätsstörung	JSO Bicomplex 7	38
Fettleber		
Intestinale Komplikation	JSO Bicomplex 3	22
Ausscheidungsstörungen	JSO Bicomplex 25	96
Hauptmittel bei allen Leberstörungen	JSO Bicomplex 27	102
Fibromyalgie		
Entzündungen	JSO Bicomplex 6	34
Bei harnsaurer und rheumatischer Diathese	JSO Bicomplex 9	44
Weichteilrheumatismus	JSO Bicomplex 13	57
Myositis	JSO Bicomplex 29	110
Fieber		
Entzündungen und Fieber	JSO Bicomplex 6	34
Nervenfieber	JSO Bicomplex 18	74

Anwendungsgebiet	**Mittel**	**Seite**
Fingernägel		
Darmstörungen	JSO Bicomplex 1	14
Blutschwäche	JSO Bicomplex 2	18
Haare und Nägel	JSO Bicomplex 10	48
Strukturerhaltung von Haut und Hautanhangsgebilde	JSO Bicomplex 11	50
Ernährungsstörungen	JSO Bicomplex 13	57
Fissur		
Bei Proktitis	JSO Bicomplex 1	14
Rissige Haut	JSO Bicomplex 11	50
Abdominelle Störungen des Säure-Basen-Haushaltes	JSO Bicomplex 17	71
Fistel		
Fördert die Heilungstendenz	JSO Bicomplex 13	57
Verletzungen und Geschwüre	JSO Bicomplex 14	62
Fluorprophylaxe	JSO Bicomplex 30	114
Fraktur		
→ siehe unter Knochenbruch		
Furunkel		
Hauptmittel bei allen Hauterscheinungen	JSO Bicomplex 11	50
Fördert die Heilungstendenz	JSO Bicomplex 13	57
Eitrige Entzündungen	JSO Bicomplex 14	62
→ siehe auch Eiterungen		
Gallensteine		
→ siehe unter Cholelithiasis		
Gallenwegsdyskinesien → Motilitätsstörung ohne Vorliegen einer erkennbaren organischen Ursache		
Enterohepatischer Gallenkreislauf	JSO Bicomplex 3	22
Bei spasmophiler Diathese (Neigung zu Krämpfen)	JSO Bicomplex 5	30

Anwendungsgebiet	**Mittel**	**Seite**
Ganglion		
Mesenchymale Reizungen	JSO Bicomplex 13	57
Verbessert die Resorption	JSO Bicomplex 28	106
Gastralgie	JSO Bicomplex 5	30
Gastritis		
Begleitgastritis bei Darmstörungen	JSO Bicomplex 3	22
Magengicht und -rheuma	JSO Bicomplex 9	44
Stauungsgastritis	JSO Bicomplex 12	54
Hyperazide Gastritis	JSO Bicomplex 16	68
Hypazide Gastritis	JSO Bicomplex 17	71
Schleimhautpflege	JSO Bicomplex 21	83
Bauchskrofulose	JSO Bicomplex 23	89
Gastroenteropathie → siehe unter Gastritis		
Gastroenteroptose → siehe unter Enteroptose		
Gastropathia nervosa		
Bei spasmophiler Diathese	JSO Bicomplex 5	30
Sekretionsneurosen	JSO Bicomplex 16	68
Neurasthenie	JSO Bicomplex 18	74
Neurasthenie	JSO Bicomplex 19	77
Gebärmuttersenkung	JSO Bicomplex 29	110
Geburtserleichterung	JSO Bicomplex 22	86
Gedächtnisschwäche		
Zur Verbesserung der Sauerstoffversorgung	JSO Bicomplex 2	18
Durchblutungsstörungen	JSO Bicomplex 8	41
Bei Herzschwäche	JSO Bicomplex 12	54
Zur Nervenkräftigung	JSO Bicomplex 18	74
Bei Nervenschwäche	JSO Bicomplex 19	77

Anwendungsgebiet	Mittel	Seite
Gefäßerkrankungen		
→ siehe unter Arteriosklerose		
Gefäßneurosen		
Vasomotorenstörungen	JSO Bicomplex 7	38
Durchblutungsstörungen	JSO Bicomplex 8	41
Bei funktionellen Herzstörungen	JSO Bicomplex 12	54
Gehörgangentzündung		
→ siehe unter Eiterungen		
Gelbsucht		
→ siehe unter Ikterus		
Gelenkrheumatismus		
→ siehe unter rheumatischer Formenkreis		
Gelenksentzündung	JSO Bicomplex 13	57
→ siehe auch Entzündungen		
→ siehe auch rheumatischer Formenkreis		
Geräuschempfindlichkeit		
Bei erhöhter Irritabilität	JSO Bicomplex 5	30
Bei reizbarer Schwäche	JSO Bicomplex 19	77
Gerstenkorn		
Autointoxikation durch Darmstörungen	JSO Bicomplex 3	22
Hauptmittel bei allen Entzündungen	JSO Bicomplex 6	34
Steigert die Abwehrkraft des Hautgewebes	JSO Bicomplex 11	50
Eiterungen und Geschwüre	JSO Bicomplex 14	62
Epithelschutz	JSO Bicomplex 21	83
→ siehe auch Eiterungen		

Anwendungsgebiet	Mittel	Seite
Gicht	JSO Bicomplex 9	44
→ siehe auch rheumatischer Formenkreis		
Gichtniere	JSO Bicomplex 9	44
	JSO Bicomplex 20	80
Glaukom		
Abdomineller Consensus	JSO Bicomplex 3	22
Renale Komplikation	JSO Bicomplex 20	80
Gestörte Elimination	JSO Bicomplex 24	92
Hepatogene Komplikation	JSO Bicomplex 27	102
Globus hystericus	JSO Bicomplex 19	77
Glomerulonephritis	JSO Bicomplex 20	80
	JSO Bicomplex 25	96
Grauer Star		
Metabolische Deposition	JSO Bicomplex 3	22
Harnsaure Deposition	JSO Bicomplex 9	44
Störung von Nutrition und Reinigung	JSO Bicomplex 13	57
Hepatogene Komplikation	JSO Bicomplex 27	102
Grüner Star		
→ siehe unter Glaukom		
Haarausfall, s. Alopecia		
Komplikation durch Darmgifte	JSO Bicomplex 1	14
Herabgesetzte plastische Kraft des Blutes	JSO Bicomplex 2	18
Haarmittel	JSO Bicomplex 10	48
Nutritionsmittel	JSO Bicomplex 13	57
Steigert den Tonus des Haarbodens	JSO Bicomplex 29	110
Haare, brüchig		
→ siehe unter Haarausfall		

Anwendungsgebiet	Mittel	Seite
Haare, glanzlos		
→ siehe unter Haarausfall		
Haare, trocken, spröde		
→ siehe unter Haarausfall		
Hagelkorn		
Autointoxikation durch Darmstörungen	JSO Bicomplex 3	22
Hauptmittel bei allen Entzündungen	JSO Bicomplex 6	34
Steigert die Abwehrkraft des Hautgewebes	JSO Bicomplex 11	50
Eiterungen und Geschwüre	JSO Bicomplex 14	62
→ siehe auch Eiterungen		
→ siehe auch Gerstenkorn		
Hämorrhoiden		
Bei Verstopfung	JSO Bicomplex 1	14
Bei Tonusschwankungen	JSO Bicomplex 3	22
Durchblutungsstörungen	JSO Bicomplex 8	41
Cardiale Stauung	JSO Bicomplex 12	54
Hepatogene Komplikation	JSO Bicomplex 27	102
Konstitutionelle Neigung	JSO Bicomplex 28	106
Harninkontinenz		
→ siehe unter Blasenschwäche		
Heiserkeit		
Hauptmittel bei allen Entzündungen	JSO Bicomplex 6	34
Schleimhautpflege	JSO Bicomplex 21	83
Rezidivierende Katarrhe	JSO Bicomplex 28	106
Hepatitis	JSO Bicomplex 27	102
→ siehe auch Lebererkrankungen		

Anwendungsgebiet	Mittel	Seite
Hepato-lienales Syndrom	JSO Bicomplex 27	102
Hepatorenales Syndrom		
Ausscheidungsstörungen	JSO Bicomplex 24	92
Wasserretention	JSO Bicomplex 25	96
Leberstörungen	JSO Bicomplex 27	102
Herpes labialis		
Bei Schmerzen	JSO Bicomplex 5	30
Hauptmittel bei allen Entzündungen	JSO Bicomplex 6	34
Hauptmittel bei allen Hauterscheinungen	JSO Bicomplex 11	50
Herpes zoster		
Bei Schmerzen	JSO Bicomplex 5	30
Hauptmittel bei allen Entzündungen	JSO Bicomplex 6	34
Hauptmittel bei allen Hauterscheinungen	JSO Bicomplex 11	50
Herzrhythmusstörungen	JSO Bicomplex 12	54
Herzinsuffizienz		
Hauptmittel	JSO Bicomplex 12	54
Bei Ödemneigung	JSO Bicomplex 25	96
Herzklopfen		
Kongestive Gefäßreaktion	JSO Bicomplex 8	41
Neurasthenie	JSO Bicomplex 19	77
Lymphocard und Dysthyreose	JSO Bicomplex 28	106
Herzkrankheit, koronare → siehe unter Arteriosklerose		
Herzneurose		
Hauptmittel	JSO Bicomplex 12	54
Bei reizbarer Schwäche	JSO Bicomplex 19	77

Anwendungsgebiet	Mittel	Seite
Herzschwäche	JSO Bicomplex 12	54
	JSO Bicomplex 25	96
→ siehe auch Arteriosklerose		
→ siehe auch Herzinsuffizienz		
Heuschnupfen		
Exsudativ-allergische Diathese	JSO Bicomplex 4	26
Allergische und nicht allergische Entzündungen	JSO Bicomplex 6	34
Allergische Schleimhautreaktionen	JSO Bicomplex 21	83
Hexenschuss		
Entzündungen	JSO Bicomplex 6	34
Gicht und Rheuma	JSO Bicomplex 9	44
Hüftgelenkentzündung		
Entzündungen	JSO Bicomplex 6	34
Gicht und Rheuma	JSO Bicomplex 9	44
Hühnerauge	JSO Bicomplex 29	110
Husten		
→ siehe unter Bronchitis		
Hypazidität	JSO Bicomplex 17	71
Hyperaktivität	JSO Bicomplex 19	77
Hyperazidität	JSO Bicomplex 16	68
Hyperhidrosis		
Bei Verstopfung	JSO Bicomplex 1	14
Bei Darmfunktionsstörungen	JSO Bicomplex 3	22
Bei Schwangerschafts- und Menstruationsstörungen	JSO Bicomplex 7	38
Bei harnsaurer Belastung	JSO Bicomplex 9	44
Kopfschweiße	JSO Bicomplex 10	48
Störungen der Hautatmung	JSO Bicomplex 11	50

Anwendungsgebiet	Mittel	Seite
Renale Komplikation	JSO Bicomplex 20	80
Bei Ausscheidungsstörungen	JSO Bicomplex 24	92
	JSO Bicomplex 25	96
Hepatogene Komplikation	JSO Bicomplex 27	102
Hyperkeratose		
Gestörter Hornhautstoffwechsel	JSO Bicomplex 10	48
	JSO Bicomplex 11	50
Mesenchym- und Elastinwirkung	JSO Bicomplex 13	57
	JSO Bicomplex 29	110
Hyperthyreose	JSO Bicomplex 19	77
	JSO Bicomplex 28	106
Hypertonie		
Arteriosklerose	JSO Bicomplex 3	22
	JSO Bicomplex 8	41
Gefäßgicht	JSO Bicomplex 9	44
Herzstütze	JSO Bicomplex 12	54
Vasomotorenwirkung	JSO Bicomplex 19	77
Herabgesetzte Ausscheidung	JSO Bicomplex 20	80
harnpflichtiger Stoffe	JSO Bicomplex 25	96
Hypomenorrhö	JSO Bicomplex 7	38
Hypotonie		
Kräftigung von Blut und Gefäßen	JSO Bicomplex 2	18
Tonussteigerung	JSO Bicomplex 17	71
Steigert Nerven- und Muskelkraft	JSO Bicomplex 18	74
Ikterus	JSO Bicomplex 24	92
	JSO Bicomplex 27	102
Impfungen, Folgen von	JSO Bicomplex 4	26
	JSO Bicomplex 28	106
Impotenz		
→ siehe unter Potenzstörungen		

Anwendungsgebiet	Mittel	Seite
Infektanfälligkeit		
Blutkraft	JSO Bicomplex 2	18
Lymphatische Abwehr	JSO Bicomplex 4	26
Skrofulose	JSO Bicomplex 28	106
→ siehe auch Erschöpfung		
Juckreiz		
Bei Darmschärfen	JSO Bicomplex 3	22
Nervöses Jucken	JSO Bicomplex 5	30
Harnsaure und rheumatische Schärfen	JSO Bicomplex 9	44
Kopfhautjucken	JSO Bicomplex 10	48
Hauptmittel bei Hautjucken	JSO Bicomplex 11	50
Renale Komplikation	JSO Bicomplex 20	80
Antagonistische Hautausscheidung	JSO Bicomplex 24	92
Hepatogene Komplikation	JSO Bicomplex 27	102
Karbunkel		
→ siehe unter Eiterungen		
Karies	JSO Bicomplex 30	114
Katarakt		
→ siehe unter grauer Star		
Keuchhusten		
Spasmophile Diathese	JSO Bicomplex 5	30
Akute Katarrhe	JSO Bicomplex 6	34
Reizung der Atemwege	JSO Bicomplex 15	65
Reizhusten	JSO Bicomplex 19	77
Kieferhöhleneiterung		
→ siehe unter Eiterungen		
→ siehe unter Sinusitis		

Anwendungsgebiet	Mittel	Seite
Kiss-Syndrom	JSO Bicomplex 5	30
	JSO Bicomplex 13	57
Klimakterische Beschwerden → siehe unter Wechseljahrsbeschwerden		
Knochenbruch	JSO Bicomplex 13	57
→ siehe auch Knochenhautentzündung		
Knochenhautentzündung		
Entzündung durch Blutandrang	JSO Bicomplex 2	18
Hauptmittel bei allen Entzündungen	JSO Bicomplex 6	34
Hauptmittel bei allen Knochenaffektionen	JSO Bicomplex 13	57
Koliken	JSO Bicomplex 5	30
Spezielle organotrope Therapiehinweise s.u. der entprechenden Indikation		
Kollapsneigung → siehe unter Hypotonie		
Konjunktivitis	JSO Bicomplex 6	34
→ siehe auch Augenerkrankungen		
Konzentrationsstörungen		
Zur Verbesserung der Sauerstoffversorgung	JSO Bicomplex 2	18
Zur Nervenkräftigung	JSO Bicomplex 18	74
Bei Nervenschwäche	JSO Bicomplex 19	77
Kopfschmerz		
Bei Anämie und Anämiesyndrom	JSO Bicomplex 2	18
Spannungsschmerzen	JSO Bicomplex 5	30
Kongestive Schmerzen	JSO Bicomplex 6	34

Anwendungsgebiet	Mittel	Seite
Bei hormoneller Dysbalance	JSO Bicomplex 7	38
Reizbare Schwäche	JSO Bicomplex 18	74
	JSO Bicomplex 19	77
Renale Komplikation	JSO Bicomplex 20	80
Metabolische Reizung bei Ausscheidungsschwäche	JSO Bicomplex 24	92
	JSO Bicomplex 25	96
	JSO Bicomplex 27	102
Kopfschuppen	JSO Bicomplex 10	48
	JSO Bicomplex 11	50
Krampfadern → siehe unter Venen		
Krämpfe		
Spastische Obstipation	JSO Bicomplex 3	22
Hauptkrampfmittel	JSO Bicomplex 5	30
„Säurekrämpfe“	JSO Bicomplex 9	44
Nervöse Krämpfe	JSO Bicomplex 19	77
Krämpfe durch harnpflichtige Substanzen	JSO Bicomplex 20	80
Metabolisch bedingte Krämpfe	JSO Bicomplex 24	92
Kropf		
Drüsenschwellung	JSO Bicomplex 4	26
Struma	JSO Bicomplex 28	106
Lähmungen		
Bei Nervenschwäche	JSO Bicomplex 5	30
Bei Muskelschwäche	JSO Bicomplex 29	110
Laryngitis		
Bei lymphatischer Konstitution	JSO Bicomplex 4	26
Akute Entzündung	JSO Bicomplex 6	34
Begleitbronchitis	JSO Bicomplex 15	65
Zur Schleimhautregeneration	JSO Bicomplex 21	83

Anwendungsgebiet	**Mittel**	**Seite**
Lebererkrankungen		
Leberbelastung durch Darmerkrankungen	JSO Bicomplex 1	14
Kardiale Leberstauung	JSO Bicomplex 12	54
Begleitgastritis	JSO Bicomplex 16	68
Chronische Leberstauung	JSO Bicomplex 23	89
Hauptmittel	JSO Bicomplex 27	102
Lichtempfindlichkeit	JSO Bicomplex 5	30
	JSO Bicomplex 19	77
Liderschlaffung	JSO Bicomplex 29	110
Lidrandentzündung		
→ siehe unter Blepharitis		
Lidzuckungen		
→ siehe unter Krämpfe		
Lumbago		
→ siehe unter Hexenschuss		
Lungenemphysem		
Verbesserung des Gasaustausches	JSO Bicomplex 8	41
Strukturverbesserung des Lungengerüstes	JSO Bicomplex 13	57
Zur Stärkung der Atemmuskulatur	JSO Bicomplex 29	110
→ siehe auch Atemwegserkrankungen		
Lympherkrankungen		
Lymphbelastung durch Darmerkrankungen	JSO Bicomplex 1	14
Lymphdrüsenschwellungen	JSO Bicomplex 4	26
Akute Entzündungen	JSO Bicomplex 6	34
Lymphdrüsenverhärtungen	JSO Bicomplex 13	57
Lymphdrüseneiterungen und -geschwüre	JSO Bicomplex 14	62

Anwendungsgebiet	Mittel	Seite
Stauungskatarrhe	JSO Bicomplex 21	83
Lymphstauungen in der Schwangerschaft	JSO Bicomplex 22	86
Lymphreinigung	JSO Bicomplex 23	89
Lymphdrüsenverhärtungen	JSO Bicomplex 28	106
Magenanämie	JSO Bicomplex 2	18
	JSO Bicomplex 17	71
Magenerschlaffung		
Verschleimung durch Obstipation	JSO Bicomplex 1	14
Nutritions- und Elastizitätsmittel	JSO Bicomplex 13	57
Tonus- und Turgorsteigerung	JSO Bicomplex 17	71
Verbesserung der Muskelspannung	JSO Bicomplex 29	110
Magengeschwür → siehe unter Ulcus ventriculi		
Mastdarmerschlaffung		
Verschleimung durch Obstipation	JSO Bicomplex 1	14
Hauptmittel	JSO Bicomplex 3	22
Verbesserung der Muskelspannung	JSO Bicomplex 29	110
Mastoiditis		
Lymphatismus	JSO Bicomplex 4	26
Akute Affektion	JSO Bicomplex 6	34
Chronische Affektion	JSO Bicomplex 13	57
Konstitutionelle Wirkung	JSO Bicomplex 28	106
Megakolon → siehe auch Mastdarmerschlaffung	JSO Bicomplex 1	14
Mensesstörungen		
Anämiebedingt	JSO Bicomplex 2	18
Hauptmittel	JSO Bicomplex 7	38
Neurohormonelle Affektionen	JSO Bicomplex 19	77

Anwendungsgebiet	**Mittel**	**Seite**
Meteorismus		
Bei Obstipation	JSO Bicomplex 1	14
Bei Darmerkrankungen	JSO Bicomplex 3	22
Blähungskoliken	JSO Bicomplex 5	30
Durch Hyperazidität im Magen	JSO Bicomplex 16	68
Durch Hypazidität im Magen	JSO Bicomplex 17	71
Migräne		
→ siehe unter Kopfschmerz		
Milchschorf	JSO Bicomplex 4	26
	JSO Bicomplex 11	50
	JSO Bicomplex 28	106
Morbus Bechterew		
→ siehe unter Allergie		
→ siehe unter rheumatischer Formenkreis		
Morbus Crohn		
Hauptmittel bei allen Darmerkankungen	JSO Bicomplex 3	22
Lymphangitis/Lymphadenitis mesenterialis	JSO Bicomplex 4	26
Schmerzzustände	JSO Bicomplex 5	30
Akute Entzündungen	JSO Bicomplex 6	34
Schleimhautpflege	JSO Bicomplex 21	83
Lymphangitis/Lymphadenitis mesenterialis	JSO Bicomplex 28	106
→ siehe auch Allergie		
Morbus Parkinson	JSO Bicomplex 5	30
	JSO Bicomplex 18	74
	JSO Bicomplex 19	77

Anwendungsgebiet	Mittel	Seite
Morbus Raynaud	JSO Bicomplex 5	30
	JSO Bicomplex 8	41
	JSO Bicomplex 18	74
Morbus Scheuermann	JSO Bicomplex 13	57
	JSO Bicomplex 28	106
Muskelerschlaffung	JSO Bicomplex 29	110
Muskelgicht		
→ siehe unter Gicht		
→ siehe unter rheumatischer Formenkreis		
Muskelkater		
Krämpfe durch verminderte Ausscheidung	JSO Bicomplex 3	22
Bei Durchblutungsstörungen	JSO Bicomplex 8	41
„Säurekrämpfe“	JSO Bicomplex 9	44
Anregung der Ausscheidung	JSO Bicomplex 24	92
Anregung des Muskelstoffwechsels	JSO Bicomplex 29	110
Muskelkrämpfe		
→ siehe unter Krämpfe		
Muskelrheuma		
→ siehe unter rheumatischer Formenkreis		
Muskelschwäche	JSO Bicomplex 13	57
	JSO Bicomplex 29	110
Muskelschwund	JSO Bicomplex 2	18
	JSO Bicomplex 18	74
	JSO Bicomplex 29	110
Muskelzuckungen		
→ siehe unter Krämpfe		

Anwendungsgebiet	Mittel	Seite
Myasthenie		
→ siehe unter Muskelschwäche		
Myositis	JSO Bicomplex 6	34
	JSO Bicomplex 29	110
→ siehe auch rheumatischer Formenkreis		
Nagelbrüchigkeit		
→ siehe unter Fingernägel		
Nagelmykosen		
→ siehe unter Fingernägel		
Narbenkeloide	JSO Bicomplex 11	50
	JSO Bicomplex 13	57
Nekrosen, aseptische	JSO Bicomplex 13	57
	JSO Bicomplex 28	106
Nephritis		
Akute Entzündungen	JSO Bicomplex 6	34
Hauptmittel	JSO Bicomplex 20	80
Verbesserung der Ausscheidung	JSO Bicomplex 24	92
Nephrolithiasis		
Akute Entzündungen	JSO Bicomplex 6	34
Bei harnsaurer Diathese	JSO Bicomplex 9	44
Dysurie	JSO Bicomplex 20	80
Ausscheidungsschwäche	JSO Bicomplex 24	92
Nervenentzündungen		
→ siehe unter Neuritis		
Nervenkrämpfe		
→ siehe unter Krämpfe		

Anwendungsgebiet	Mittel	Seite
Nervenschwäche		
Bei Anämie	JSO Bicomplex 2	18
Durch Krämpfe	JSO Bicomplex 5	30
Neurohormonelle Disharmonie	JSO Bicomplex 7	38
Neurasthenie	JSO Bicomplex 18	74
Bei/mit Angstzuständen	JSO Bicomplex 19	77
Neuralgien	JSO Bicomplex 9	44
	JSO Bicomplex 18	74
	JSO Bicomplex 19	77
Neurasthenie		
→ siehe unter Nervenschwäche		
Neuritis		
Schmerzzustände	JSO Bicomplex 5	30
Entzündungen	JSO Bicomplex 6	34
Bei harnsaurer Diathese	JSO Bicomplex 9	44
Neurodermitis	JSO Bicomplex 6	34
	JSO Bicomplex 11	50
→ siehe auch Ekzem		
→ siehe auch Exanthem		
Nierenerkrankungen		
Hauptmittel	JSO Bicomplex 20	80
Ausscheidungsschwäche	JSO Bicomplex 24	92
Ödeme	JSO Bicomplex 25	96
Hepatorenales Syndrom	JSO Bicomplex 27	102
Niereninsuffizienz		
→ siehe unter Nierenerkrankungen		
Nierensteine		
→ siehe unter Nephrolithiasis		

Anwendungsgebiet	Mittel	Seite
Obstipation		
Hauptmittel	JSO Bicomplex 1	14
Funktionsstörungen des Darmes	JSO Bicomplex 3	22
Spastiken	JSO Bicomplex 5	30
Bei Übererregung des Magens	JSO Bicomplex 16	68
Bei Magenerschlaffung	JSO Bicomplex 17	71
Bei Katarrhen	JSO Bicomplex 21	83
Anregung der Ausscheidungen	JSO Bicomplex 24	92
Hepatogene Obstipation	JSO Bicomplex 27	102
Ödeme		
Kardiale	JSO Bicomplex 12	54
Renale	JSO Bicomplex 20	80
Allgemeine Ausscheidungsschwäche	JSO Bicomplex 24	92
Hauptmittel	JSO Bicomplex 25	96
Hepatogene	JSO Bicomplex 27	102
Organneurosen	JSO Bicomplex 18	74
	JSO Bicomplex 19	77
Osteochondrose	JSO Bicomplex 4	26
	JSO Bicomplex 9	44
	JSO Bicomplex 13	57
	JSO Bicomplex 28	106
Osteomalazie → siehe unter Rachitis		
Osteoporose	JSO Bicomplex 2	18
	JSO Bicomplex 4	26
	JSO Bicomplex 9	44
	JSO Bicomplex 13	57
Otalgie	JSO Bicomplex 5	30
	JSO Bicomplex 6	34

Anwendungsgebiet	Mittel	Seite
Otitis media		
Lymphatismus	JSO Bicomplex 4	26
Akute Affektion	JSO Bicomplex 6	34
Chronische Affektion	JSO Bicomplex 13	57
Konstitutionelle Wirkung	JSO Bicomplex 28	106
Otosklerose	JSO Bicomplex 8	41
	JSO Bicomplex 13	57
Ovarialzysten	JSO Bicomplex 7	38
	JSO Bicomplex 25	96
Pansinusitis → siehe unter Sinusitis		
Parodontose	JSO Bicomplex 30	114
Spezielle organotrope Therapiehinweise s.u. der entsprechenden Indikation		
Pfeiffer-Drüsenfieber	JSO Bicomplex 4	26
	JSO Bicomplex 6	34
	JSO Bicomplex 21	83
	JSO Bicomplex 28	106
Pharyngitis → siehe unter Laryngitis		
Polyarthritis → siehe unter Arthritis → siehe unter Gicht → siehe unter rheumatischer Formenkreis		
Polymyalgie → siehe unter Fibromyalgie → siehe unter Gicht → siehe unter rheumatischer Formenkreis		

Anwendungsgebiet	Mittel	Seite
Polypen	JSO Bicomplex 21	83
	JSO Bicomplex 28	106
Potenzstörungen		
Anämiebedingt	JSO Bicomplex 2	18
Neurohormonell	JSO Bicomplex 7	38
Neurasthenische	JSO Bicomplex 18	74
Phobisch	JSO Bicomplex 19	77
Prämenstruelles Syndrom		
Darmkonsensus	JSO Bicomplex 3	22
Hauptmittel	JSO Bicomplex 7	38
Bei harnsaurer Diathese	JSO Bicomplex 9	44
Urogenitaler Konsensus	JSO Bicomplex 20	80
→ siehe auch Mensesstörungen		
Proktitis		
Bei Obstipation	JSO Bicomplex 1	14
Enterale Funktionsstörungen	JSO Bicomplex 3	22
Akute Entzündungen	JSO Bicomplex 6	34
Bei harnsaurer Diathese	JSO Bicomplex 9	44
Schleimhautpflege	JSO Bicomplex 21	83
Bei Ausscheidungsschwäche	JSO Bicomplex 24	92
Proteinurie	JSO Bicomplex 20	80
	JSO Bicomplex 25	96
	JSO Bicomplex 26	100
→ siehe auch Glomerulonephritis		
Pruritus		
→ siehe unter Juckreiz		
Psoriasis		
Akute entzündliche Reizung	JSO Bicomplex 6	34
Harnsaure Schärfen	JSO Bicomplex 9	44
Hauptmittel für die Haut	JSO Bicomplex 11	50
Akanthose	JSO Bicomplex 13	57

Anwendungsgebiet	Mittel	Seite
Renaler Auslösemechanismus	JSO Bicomplex 20	80
Hepatogener Auslösemechanismus	JSO Bicomplex 27	102
→ siehe auch Akanthose		
Pyelonephritis		
→ siehe unter Nephritis		
→ siehe unter Glomerulonephritis		
Rachenmandelhyperplasie		
→ siehe unter adenoide Vegetation		
Rachitis	JSO Bicomplex 4	26
	JSO Bicomplex 13	57
	JSO Bicomplex 28	106
Refluxösophagitis	JSO Bicomplex 1	14
	JSO Bicomplex 3	22
	JSO Bicomplex 16	68
	JSO Bicomplex 17	71
→ siehe auch Gastritis		
→ siehe auch Roemheld		
→ siehe auch Tonusschwankungen		
Reizblase		
Krampfschmerzen	JSO Bicomplex 5	30
Neurohormonelle Auslösemechanismen	JSO Bicomplex 7	38
Neurasthenie	JSO Bicomplex 19	77
Bei Ausscheidungsschwäche	JSO Bicomplex 24	92
Hauptmittel	JSO Bicomplex 26	100
→ siehe auch Blasenreizung		
Reizdarmsyndrom		
→ siehe unter Colon irritabile		

Anwendungsgebiet	Mittel	Seite
Rekonvaleszenz		
Hauptmittel	JSO Bicomplex 2	18
Lymphatismus	JSO Bicomplex 4	26
Nervenerschöpfung	JSO Bicomplex 18	74
„Drüsenvergiftung"	JSO Bicomplex 28	106
→ siehe auch Anämie		
→ siehe auch Erschöpfung		
→ siehe auch Infektanfälligkeit		
Retinopathie		
→ siehe unter Augenerkrankungen		
Rheumatischer Formenkreis		
Gestörte enterale Elimination	JSO Bicomplex 3	22
Akute Entzündungen	JSO Bicomplex 6	34
Gicht und Rheuma	JSO Bicomplex 9	44
Gestörte renale Elimination	JSO Bicomplex 20	80
Ausscheidungsschwäche	JSO Bicomplex 24	92
Ödematöse Formen	JSO Bicomplex 25	96
Entzündungsneigung durch Lymphstauungen	JSO Bicomplex 28	106
→ siehe auch Arthritis		
→ siehe auch Arthrose		
→ siehe auch Entzündungen		
→ siehe auch Gelenksentzündung		
→ siehe auch Gicht		
→ siehe auch Spondylitis		
→ siehe auch Vasculitis		
Rhinitis		
→ siehe unter Heuschnupfen		
→ siehe unter Sinusitis		
Roemheld-Syndrom		
Bei Obstipation	JSO Bicomplex 1	14
Gestörte enterale Rhythmik	JSO Bicomplex 3	22

Anwendungsgebiet	**Mittel**	**Seite**
Herzstütze	JSO Bicomplex 12	54
Magenmeteorismus	JSO Bicomplex 16	68
Allgemeine Ausscheidungs-	JSO Bicomplex 17	71
störungen	JSO Bicomplex 24	92
Bei Lebererkrankungen	JSO Bicomplex 27	102
→ siehe auch Meteorismus		
Rosazea		
→ siehe unter Akne		
Säurekrämpfe		
→ siehe unter Krämpfe		
Schilddrüsenstörungen	JSO Bicomplex 4	26
	JSO Bicomplex 23	89
	JSO Bicomplex 28	106
Schlaflosigkeit, nervöse	JSO Bicomplex 5	30
Schlafstörungen		
Sauerstoffmangel bei Anämie	JSO Bicomplex 2	18
Allgemeine Nervenschwäche	JSO Bicomplex 5	30
Bei Herzbeteiligung	JSO Bicomplex 12	54
Neurasthenie	JSO Bicomplex 18	74
Durch harnpflichtige Stoffe	JSO Bicomplex 20	80
Durch gallige Schärfen	JSO Bicomplex 27	102
Schleimbeutelentzündung		
→ siehe unter rheumatischer Formenkreis		
Schnupfen		
→ siehe unter Sinusitis		
Schrumpfniere		
→ siehe unter Nierenerkrankungen		

Anwendungsgebiet	Mittel	Seite
Schulkopfschmerzen		
→ siehe unter Kopfschmerz		
Schwangerschaftsbeschwerden		
Schwangerschaftsanämie	JSO Bicomplex 2	18
Haarausfall	JSO Bicomplex 10	48
Schleimhautaffektionen	JSO Bicomplex 21	83
Hauptmittel	JSO Bicomplex 22	86
Ausscheidungsschwäche	JSO Bicomplex 24	92
Leberstörungen	JSO Bicomplex 27	102
Schweißneigung		
→ siehe unter Hyperhidrosis		
Schwindel		
→ siehe unter Anämie		
→ siehe unter Arteriosklerose		
→ siehe unter Erschöpfung		
→ siehe unter Hypotonie		
→ siehe unter Hypertonie		
→ siehe unter Rekonvaleszenz		
Senkfuß		
→ siehe unter Bänderschwäche		
→ siehe unter Bindegewebsschwäche		
Senkmagen		
→ siehe unter Magenerschlaffung		
Silikose	JSO Bicomplex 8	41
	JSO Bicomplex 13	57
	JSO Bicomplex 15	65
Sinusitis	JSO Bicomplex 6	34
	JSO Bicomplex 15	65
	JSO Bicomplex 21	83
→ siehe auch Eiterungen		

Anwendungsgebiet	Mittel	Seite
Sklerodermie	JSO Bicomplex 11	50
	JSO Bicomplex 13	57
Skrofulose	JSO Bicomplex 4	26
	JSO Bicomplex 23	89
	JSO Bicomplex 28	106
→ siehe auch Lympherkrankungen		
Sodbrennen		
→ siehe unter Refluxösophagitis		
Spondylitis		
→ siehe unter rheumatischer Formenkreis		
Spreizfuß		
→ siehe unter Bänderschwäche		
→ siehe unter Bindegewebsschwäche		
Stauungsgastritis		
→ siehe unter Gastritis		
Stauungshepatitis		
→ siehe unter Hepatitis		
→ siehe unter Lebererkrankungen		
Stauungsleber		
→ siehe unter Lebererkrankungen		
Struma		
→ siehe unter Kropf		
Tendovaginitis		
→ siehe unter rheumatischer Formenkreis		

Anwendungsgebiet	**Mittel**	**Seite**
Tinnitus	JSO Bicomplex 8	41
	JSO Bicomplex 13	57
Spezielle organotrope Therapiehinweise s. u. der entsprechenden Indikation		
Tonsillitis		
Akute Entzündungen	JSO Bicomplex 6	34
Lymphdrüseneiterungen und -geschwüre	JSO Bicomplex 14	62
Stauungskatarrhe	JSO Bicomplex 21	83
Chronische Tonsillitis	JSO Bicomplex 28	106
→ siehe auch Lympherkrankungen		
Tonusschwankungen		
Tonusschwäche der Darmmuskulatur	JSO Bicomplex 1	14
Bei harnsaurer Diathese	JSO Bicomplex 9	44
Magenhypertonie	JSO Bicomplex 16	68
Magenhypotonie	JSO Bicomplex 17	71
Durch gallige Schärfen	JSO Bicomplex 27	102
Hauptmittel	JSO Bicomplex 29	110
Torticollis	JSO Bicomplex 5	30
→ siehe auch Kiss-Syndrom		
→ siehe auch rheumatischer Formenkreis		
Trockenes Auge		
→ siehe unter Augenerkrankunen		
Tubenkatarrh		
→ siehe unter Otitis media		
Ulcus cruris	JSO Bicomplex 8	41
	JSO Bicomplex 14	62
→ siehe auch Venenerkrankungen		

Anwendungsgebiet	Mittel	Seite
Ulcus ventriculi et duodeni		
Blutungsanämie	JSO Bicomplex 2	18
Tonus und Sekretion regulierend	JSO Bicomplex 3	22
Bei harnsaurer Diathese	JSO Bicomplex 9	44
Hyperazider Magen	JSO Bicomplex 16	68
Hypazider Magen	JSO Bicomplex 17	71
Schleimhautregeneration	JSO Bicomplex 21	83
Urtikaria		
→ siehe unter Allergie		
→ siehe unter Diathese		
Vaskulitis		
→ siehe unter rheumatischer Formenkreis		
Vegetative Dystonie	JSO Bicomplex 7	38
	JSO Bicomplex 18	74
	JSO Bicomplex 19	77
→ siehe auch Nervenschwäche		
Venenerkrankungen		
Reizungen durch Darmgifte	JSO Bicomplex 1	14
Phlebitis	JSO Bicomplex 6	34
Erhaltung der Gefäßstrukturen	JSO Bicomplex 8	41
Venosität	JSO Bicomplex 24	92
Stärkung der Gefäßwände	JSO Bicomplex 29	110
Wechseljahrsbeschwerden		
Hauptmittel	JSO Bicomplex 7	38
Ausscheidungskompensation	JSO Bicomplex 24	92
Hydrogenoide Ansammlungen	JSO Bicomplex 25	96

Anwendungsgebiet	Mittel	Seite
Wirbelsäulensyndrome	JSO Bicomplex 9	44
	JSO Bicomplex 13	57
→ siehe auch Bänderschwäche		
→ siehe auch Hexenschuss		
→ siehe auch Osteochondrose		
→ siehe auch Osteoporose		
→ siehe auch Rachitis		
→ siehe auch rheumatischer Formenkreis		
Wurmbefall		
Darmmilieu	JSO Bicomplex 3	22
Lymphatismus	JSO Bicomplex 4	26
Übersäuerung	JSO Bicomplex 9	44
Gestörter Säure-Basen-Haushalt des Darmes	JSO Bicomplex 16	68
Milieuveränderungen bei Lymphatismus	JSO Bicomplex 28	106
Zahnerkrankungen	JSO Bicomplex 4	26
	JSO Bicomplex 13	57
	JSO Bicomplex 30	114
Spezielle organotrope Therapiehinweise s. u. der entsprechenden Indikation		
Zystitis		
→ siehe unter Blasenentzündung		

Literatur

Broy, J.: Die Biochemie nach Dr. Schüßler (1993), Foitzick Verlag, München

Broy, J.: Ergänzungsmittel zur Mineralstofftherapie nach Dr. Schüßler (2000), Foitzick Verlag, München

Emmrich, P.: Antlitzdiagnostik (2. Aufl. 1999), Jungjohann-Verlag, Neckarsulm

Grams, K.: Handbuch der Komplex-Biochemie (1928), Kombi-Verlag, Berlin

Hemm, W., Mair, S.: Praktische Biochemie nach Dr. Schüßler. Alt bewährt – neu bearbeitet (2003), Foitzick Verlag, München

Schüßler, W. H.: Eine abgekürzte Therapie (Nachdruck der 25. Aufl. von 1898, 2000), Weg zur Gesundheit Verlag, Dormagen

Arbeitskreis für praktische Biochemie im Fachverband Deutscher Heilpraktiker e.V.: Rezeptierbuch der Schüßler'schen Biochemie (1971); Rezeptierbuch der Schüßler'schen Biochemie (1992); Leitfaden zur biochemischen Verordnung (1997)

Glossar

Adenoide Vegetation

Vermehrung und Wucherung von lymphatischem Gewebe infolge von Drüsenschwäche; Neigung zur Bildung von Polypen.

Anabolikum

Mittel zur Förderung des → Anabolismus.

Anabolismus

Erster Teil der Energietransformation (Assimilation – Dissimilation – Elimination) im → Intermediärstoffwechsel. Damit verbunden ist die Zufuhr von Nährstoffen und Sauerstoff zur Aufrechterhaltung der Zell- und Gewebsstruktur.

Angina pectoris spuria

Nervös bedingte Angina pectoris.

Antagonismus

Gegenreaktion entsprechend einer → Vikariation.

Arteriosklerose

Pathologische Verhärtung der Gefäße mit Kalkeinlagerung.

Asthenie

Verminderte Präsenz von Lebensenergie, entweder allgemein oder lokal.

Atheromatose

Fetteinlagerung in die Gefäßinnenwand mit Neigung zu Durchblutungsstörungen und → Arteriosklerose.

Atonie

Verlust der Spannkraft in den festen Teilen.

Ausscheidungskatarrhe

Hierbei versucht der Organismus Stoffwechselprodukte, die nicht auf den natürlichen Wegen abgesondert werden können, über unterschiedliche Schleimhautareale in Form von Katarrhen (z.B. Diarrhö) auszuscheiden.

Bauchhirn
Alte Bezeichnung für das gesamte Bauchnervensystem.

Bauchlymphe
Allgemeine Bezeichnung für das gesamte Lymphsystem im Bauchraum: Chylusgefäß, Lymphgänge, Peyer-Plaques, Cysterna chyli, Bauchteil des Ductus thoracicus sowie alle Drüsen der Submukosa.

Blutverwässerung
Unkräftiges Blut mit Verminderung von Kruor. Vermehrung der wässrigen Anteile.

Bradytrophie
Verlangsamte Stoffwechselaktivität.

Chylopoetisches System
System der Lymphbildung im Abdomen.

Darmgicht
Form der viszeralen Gicht mit unterschiedlichen Beschwerden der Eingeweide.

Darmschärfen
→ Schärfen.

Diarrhoea paradoxa
Auf der Grundlage einer Verstopfung beruhender Durchfall.

Drüsenvergiftung
Begriff aus der Augendiagnose. Man versteht darunter den Krankheitsübergang von Schleimhäuten über seröse Häute auf organische Gebilde.

Dyscholie
Veränderte Zusammensetzung der Gallenflüssigkeit.

Dyskrasie
Fehlerhafte Zusammensetzung der → Kardinalsäfte im Blut. Ausscheidungsstörungen der Stoffwechselorgane sind in der Lage solche Dyskrasien zu verursachen (z.B. renale Dyskrasie, gallige Dyskrasie).

Disorie
Erhöhte Durchlässigkeit der Gefäße, z.B. bei der akuten Entzündung.

Energietransformation
Energiestoffwechsel mit der Trias Assimilation – Dissimilation – Elimination.

Erethische Form der Skrofulose
Erhöhter Erregungszustand bei der → Skrofulose.

Exsudative Diathese
Spezifische Krankheitsbereitschaft, auf unterschiedliche Reize immer in der gleichen Art und Weise, namentlich mit übermäßigen Sekretionen an Haut oder Schleimhäuten zu reagieren.

Gastroenteropathie
Kombinierte Erkrankung von Magen und Darm.

Gewebsstimmung
Die Fähigkeit eines Gewebes oder auch des Gesamtorganismus, Reize aufzunehmen, sie adäquat zu registrieren und ebenso adäquat zu beantworten, wurde in früherer Zeit dem Begriff der Gewebsstimmung zugeordnet. Adäquate Reizregistrierung und -beantwortung obliegen zwei Kräften, der Sensibilität und Irritabilität. Die Alteration einer der beiden oder beider bedingt eine fehlerhafte Einschätzung sowohl der Reizstärke als auch der Reaktion auf den Reiz.

Harnsaure Diathese
Krankheitsbereitschaft für Reaktionen, die mit vermehrter Produktion und/oder verminderter Ausscheidung von Harnsäure einhergehen.

Hautatmung
Unmerkliche Hautausdünstung (perspiratio insensibilis); ihre Unterdrückung kann mannigfaltige Erkankungen bewirken.

Hautkrampf
Verkrampfung der Hautmuskeln mit Porenverschluss und unterdrückter → Hautatmung.

Hepato-lienales Syndrom
Galliges Krankheitssyndrom bei chronischer Leberstauung mit Milzbeteiligung. Im Vordergrund dabei stehen: Lebererschlaffung, Milzschwellung, dyspeptische Beschwerden, verminderte Harnausscheidung, Melancholie.

Hepato-renales Syndrom
Im naturheilkundlichen Sinne gestörter Funktionszusammenhang zwischen Leber und Nieren; besteht bereits im Vorfeld des klinischen Krankheitsbildes.

Humoralpathologie
Aus der Elementen- und Säftelehre stammendes physiopathologisches Denkmodell der Naturheilkunde. Grundlage der Dyskrasielehre.

Hydrogenoide Verquellungen
Flüssigkeitsansammlungen in den Geweben; konstitutionell bedingter Ausfall der homöostatischen Kontrollmechanismen (Hypophyse, Nebennierenrinde).

Hyperkinetische Motilitätsstörungen
Übermäßige Muskeltätigkeit mit Neigung zum Krampf.

Hyperkinetisches Leber-Galle-Syndrom
Übermäßige Tätigkeit im Leber-Galle-System, sog. „heiße Leber".

Hypophysär-hypothalamischer Regelkreis
Neurohormoneller Regelmechanismus zwischen Hypophyse und Hypothalamus zur Regulierung vegetativer Funktionen.

Hypoplastisches Kreislaufsystem
Funktionelle und organische Reifestörung im Herz-Kreislauf-System.

Intermediärstoffwechsel
Zwischenstoffwechsel. Früher als dritte → Kochung bezeichnet.

Intramurales System
Autonom vegetatives Nervensystem im Darm (Auerbach-Plexus und Meissner-Plexus).

Irritabilität
Motorisch aktiver Anteil der → Gewebsstimmung.

Kalorische Grundfunktion
Jedem Organismus und seiner Zellen eigener Wärmehaushalt.

Kardinalsäfte
Begriff der → Humoralpathologie; die Kardinalsäfte (Blut, Schleim, Gelbgalle, Schwarzgalle) sind Träger elementarer Energien. Die physiologische Zusammensetzung und die → Kohäsion dieser Säfte bedingt Gesundheit, deren fehlerhafte Zusammensetzung → Dyskrasie und Krankheit.

Katarrhalisch-rheumatische Konstitution
Konstitutionelle Neigung zu katarrhalischen und entzündlichen Reizungen der Schleimhäute und serösen Häute; insbesondere bei unterdrückter → Hautatmung mit Zurückhaltung seröser → Schärfen.

Kiss-Syndrom
Kopfgelenkinduzierte Symmetriestörung.

Klärstrom
Transport von verbrauchtem Material aus dem → Intermediärstoffwechsel über Blut- und Lymphgefäße zu den Ausscheidungsorganen.

Kochung
Traditionell naturheilkundlicher Begriff zur Beschreibung von Verdauung und → Intermediärstoffwechsel.

1. Kochung: Verarbeitung der Nährstoffe im Verdauungstrakt
2. Kochung: Weiterverarbeitung der Nährstoffe in Leber und Venensystem
3. Kochung: → Intermediärstoffwechsel

Kohäsion
Kraft des Zusammenhanges mit Bezug auf den Flüssigkeitsturgor (→ Turgor) und die Faserkraft – gemeint ist nach alter Auffassung der energetische Zusammenhang elementarer Qualitäten. Darüber hinaus versteht man darunter das Zusammenwirken und den Zusammenhalt der → Kardinalsäfte.

Konsensus
Sympathische Mitreaktion eines Organs oder Systems bei Erkrankung eines anderen Körperteils (z.B. Begleitgastritis bei Gallenwegserkrankungen).

Kraftwechsel
Energiestoffwechsel und Informationsübertragung zur Beeinflussung des Gewebs- und Organstoffwechsels. „Kraftwechsel vor Stoffwechsel".

Kristallose
Herabsetzung von Gewebsfeuchtigkeit; Zunahme fester Teile; Kristallose als ungünstiges Verhältnis von zu lösenden Stoffen zum Lösungsmedium.

Kugelurate
Zustandsform von Uraten im Lymphsystem.

Lymphatischer Rosenkranz
Vergrößert tastbare Formation von Lymphdrüsen unter der Bauchhaut.

Lymphokard
Synonym für Entgiftungsleistung des Herzens im Interstitium.

Magenanämie
Anämiesyndrom durch Störungen des Blut bereitenden Systems des Magens.

Magengicht
Form der visceralen Gicht mit gastritischen Beschwerden.

Magenrheuma
Katarrhalische Magenreaktion bei Unterdrückung der → Hautatmung.

Milzdelle
Punktförmige Eindrücke auf den Fingernägeln. Gilt als Zeichen für eine gestörte Milztätigkeit im Rahmen der Nageldiagnostik.

Nährstrom
Transport von energiereichem Material aus dem Blut zu den Zellen und ihren Verbänden.

Neurale Hyperästhesie
Erhöhte Nervenempfindlichkeit.

Nutrition
Zell- und Gewebsernährung im Zusammenhang mit der assimilatorischen Grundfunktion.

Oxygenoidismus
Funktionszustand mit erhöhter Verbrennungsrate und Wärmebildung.

Plastische Kraft des Blutes
Gesundes Blut mit der Fähigkeit zu adäquater → Nutrition der Organe und Systeme.

Reizbare Schwäche
Zustand der Überreizung auf der Grundlage energetischer Schwäche, sog. „wahre Schwäche".

Renale Dyskrasie
s. Dyskrasie

Retentionstoxikosen
Funktionelle und degenerative Erkrankungen durch Insuffizienz der Ausscheidungsorgane.

Säurekrämpfe
Säurebedingte Krampfzustände der glatten und quergestreiften Muskulatur, auch als „innere Krämpfe" bezeichnet.

Schärfen
→ Dyskrasie infolge Zunahme eines → Kardinalsaftes oder Rückhaltung ausscheidungspflichtiger Stoffe (z.B. gallige Dyskrasie, seröse Dyskrasie). Eines der wichtigsten Symptome für das Vorhandensein von Schärfen ist Hautjucken.

Sensibilität
Nerval und sensorisch aktiver Teil der → Gewebsstimmung.

Skrofulose
Folgeerscheinungen einer Insuffizienz im chylopoetischen System der Bauchlymphe mit deutlich gestörter Zusammensetzung der „aufsteigenden Lymphe" nach Krauß: z.B. kindliche Verdauungsstörungen, Rachitis, → adenoide Vegetation, Hauterkrankungen im Sinne der → exsudativen Diathese.

Tonus
Der Tonus beschreibt die Grundspannung von Geweben und Organen und deren spontane Reaktivität.

Turgor
Dem allgemeinen → Tonus entsprechender Spannungszustand der Körpersäfte.

Vikariation
Als Vikariation im medizinischen Sinne wird der Leistungsausgleich eines Organs bei Insuffizienz eines anderen verstanden. Im engeren Sinne bezieht sich der Begriff auf die ersatzweise Übernahme von Ausscheidungen (z.B. unterdrückte Hautatmung kann zu Asthma führen).

Zottenpumpe
Aktivität der Zottenmuskulatur zur Verbesserung der Absorption.

Übersicht mit PZN

		PZN
JSO Bicomplex 1	Abführmittel	0544817
JSO Bicomplex 2	Blutmittel (nicht gegen Blutungen)	0544823
JSO Bicomplex 3	Darmmittel	0544846
JSO Bicomplex 4	Drüsenmittel	0544852
JSO Bicomplex 5	Krampfmittel	0544869
JSO Bicomplex 6	Fiebermittel	0544875
JSO Bicomplex 7	Innersekretorisches Mittel	0544881
JSO Bicomplex 8	Gefäßmittel	0544898
JSO Bicomplex 9	Gicht- und Rheumatismusmittel	0544906
JSO Bicomplex 10	Haarmittel	0544912
JSO Bicomplex 11	Hautmittel	0544929
JSO Bicomplex 12	Herzmittel	0544935
JSO Bicomplex 13	Knochenmittel	0544941
JSO Bicomplex 14	Geschwürmittel	0544958
JSO Bicomplex 15	Hustenmittel	0544964
JSO Bicomplex 16	Magenmittel 1 (Hyperazidität)	0544970
JSO Bicomplex 17	Magenmittel 2 (Hypazidität)	0544987
JSO Bicomplex 18	Kräftigungsmittel	0544993
JSO Bicomplex 19	Nerven- und Gehirnmittel	0545001
JSO Bicomplex 20	Nierenmittel	0545018
JSO Bicomplex 21	Schleimhautmittel	0545024
JSO Bicomplex 22	Schwangerschaftsmittel	0545030
JSO Bicomplex 23	Konstitutionsmittel	0545047
JSO Bicomplex 24	Ausscheidungsmittel	0545053
JSO Bicomplex 25	Wassersuchtmittel	0545076
JSO Bicomplex 26	Blasenmittel	0545082
JSO Bicomplex 27	Lebermittel	0545099
JSO Bicomplex 28	Lymphmittel	0545107
JSO Bicomplex 29	Muskelmittel	0545113
JSO Bicomplex 30	Zahnmittel	0545136

Stichwortverzeichnis

Abführmittel
Missbrauch von 16
Abszesse 64
Abwehrschwäche 67
Abwehrsteigerung 83, 91
Adenoide Vegetation 107
Adnexitis 37, 40
Afterjucken 16, 24, 85, 104
Akanthose 52
der Haut 60
Akne 53, 60, 64
Albuminurie 81, 98
Alopecia areata 49
Altersherz 41, 43, 56, 60, 112
Altersschwerhörigkeit 42, 45, 60, 78
Amenorrhö 21, 39
Analekzem 52
Analfissuren 16, 73
Analprolaps 16
Anämie 18, 71
Anasarka 98
Angina abdominalis 43
Angina pectoris 33
nervosa 79
Angstzustände 77
Antriebsschwäche 75
Aphthen 116
Appendizitis 29
chronische 17
Appetitstörungen 28, 72
Arrhythmie 79
Arteriosklerose 41, 43, 46, 55
Arthritis 37, 44, 46
Arthrose 44, 47, 57
Asthma 65
allergisches 28
bronchiale 32
cardiale 56
nervosum 66, 78
Aszites 98
Atemwegserkrankungen
renal bedingt 94
rezidivierende 91, 108
Atmung
flach, beschleunigt 20
Aufstoßen 70
Augenerkrankungen
skrofulöse 91, 108
Augenregion
blauschwarze Verfärbung 20
Ausscheidungen
Verminderung 92
Ausscheidungsgastritis
siehe Gastritis
Ausschläge 16
nässend 52
trocken 52
Autoimmunerkrankungen 29
Autointoxikation 14, 82, 95, 105

Bänderschwäche 21, 61, 109, 111
Bettnässen 100, 101
Bindegewebsschwäche 59, 109
Bindehautreizung 28
siehe auch Konjunktivitis
Blasenentzündung 37, 93, 100
Blasenreizung 82
Blasenschwäche 39, 100, 101, 113
Blasensenkung 113
Blepharitis 36, 81, 94
Blepharokonjunktivitis 85
Blutdruckschwankungen 40
Bluthochdruck 43
Blutschwäche 74
Bronchitis 35, 65, 84
eitrig 63
kruppös 28
spastische 32
Bursitis 82

Cerumenbildung
übermäßig 60
Chlorose 40
Cholangitis 36
Cholecystitis 36, 94
Cholelithiasis 36, 46, 104
Cholesterin
Erhöhung 103
Claudicatio intermittens 43, 46, 56
Colica mucosa 24
Colitis ulcerosa 24, 36
Colon irritabile 24, 46, 78
Cor nervosum 33
Cor pulmonale 56
Coxitis 37, 47

Darmparasiten 24
Darmfisteln 60
Darmgicht 24
Darmmuskulatur
Tonusminderung 14
Depressive Verstimmungen 40, 76
Dermatosen
bullös 52
Diarrhö 24, 69, 73
gallige 104
Diarrhoea paradoxa 24, 28, 70, 94
Diathese
exsudativ-allergisch 84
harnsaure 44, 77
katarrhalische 35
Divertikulitis 24
Divertikulose 16, 24
Drüsenschwellung 46
Durchfall *siehe* Diarrhö,
siehe Diarrhoea paradoxa
Durchfallneigung 91
Dysbiose 24, 70
Dyscholie 24, 98
Dyskinesien
Gallenwegs- 32, 103
Dysmenorrhö 39
Dyspepsie 94
Fäulnisdyspepsie 69
Gärungsdyspepsie 69
Dyspnoe 103
anämische 20
bei Meteorismus 16, 24
spastische 32
Dysthyreose 29, 109

Eiterungen 36, 46, 61
Eiweißharnen 82, 97, 100
Ejaculatio praecox 76
Ektropium 60, 112
Ekzem 16, 36, 50, 82
akut 52
Emphysembronchitis 66
Endokrine Drüsenstörungen 26, 38
Energiemangel 111
Enteroptose 60
Entropium 60
Entzündung 34
eitrig 62, 85
Erbrechen 70
Erkältungsneigung 106
Erschöpfung 75, 77
Erysipel 36, 53
Eugenik 87
Exanthem 36, 82
Exostosen 47, 61
Extrasystolie 79

Fersensporn 37, 47, 61
Fertilitätsstörung 39
Fettleber 24, 98, 104
Fettverdauung
Störung der 24, 104
Fibromyalgie 37, 47, 61, 113
Fibrose 60, 66
Fieber 34
asthenisches 76
Fingernägel 20
Längsstreifen 16
Querrillen 20
weiße Flecken 20
Fissur 16, 52
Fistel 59, 64
Fluorprophylaxe 115
Foetor ex ore 16, 24, 94

Fontanellen
lange offen 59
Furunkel 53, 60, 62
Fußschweiß 25

Gallenwege
Dyskinesien 24, 32
Ganglion 61
Gastralgie 32
Gastritis 68, 71
Ausscheidungs- 24, 69
Stauungs- 56
Gastroenteropathie
exsudative 22
Gastroenteroptose 112
Gastropathia nervosa 32, 68, 75, 78
Gebärmuttersenkung 113
Geburtserleichterung 87
Gedächtnisschwäche 21, 43, 56, 77
Gefäßneurosen 43, 56
Gehörgang
Entzündung 52
Gelenkentzündung
chronisch 59
Geräuschempfindlichkeit 32, 78
Gerstenkorn 24, 36, 52, 63, 85
Gicht
akuter Anfall 47
Gichtniere 47, 82
Glaukom 81
Gliederschmerzen
bei akuten Infektionen 37
Globus hystericus 79
Glomerulonephritis 82, 98
Grauer Star 24, 104
Grüner Star 24, 104

Haarausfall 20, 48, 49, 60, 112
Haare
brüchig 49
glanzlos 49
trocken, spröde 16
Hagelkorn 24, 36, 52, 63
Halonierte Augen 20
Hämorrhoiden 16, 24, 43, 56, 104, 108
Harnsäure
erhöhte 46
Harnwegskatarrh 81
akut 93
Harnwegsreizungen 25, 47
Haut
blass 20
rissig 112
trocken 112
Hautatmung
gestörte 91
Hauterkrankung
allergisch 28
durch scharfe Absonderungen 46
entzündliche 36
exsudativ 28
mit Eiterbildung 63
vikariierend 70, 104
Hautjucken 104
nervöses 79
Hautreizungen 25
Heiserkeit 35
Hektische Röte 40
Hepato-lienales Syndrom 103, 104
Hepatorenales Syndrom 95, 98, 103, 105
Herpes labialis 36, 53
Herpes zoster 36, 53
Herz
Alters- 55
Rhythmusstörungen 55
Herzdynamikum 54
Herzinsuffizienz 97
Herzklopfen 43, 79
Herzmuskel
Energiehaushalt 20
Vorspannung 111
Herzneurose 55, 56
Herzschwäche 98
Herzstörungen
hepatogen 104
Heuschnupfen 28, 35, 85
Hexenschuss 37, 47

Hühnerauge 112
Hühnerbrust 109
Husten
  Leber- 103
  trocken 66
  siehe auch Bronchitis
Hyperaktivität 79
Hyperästhesie 76
Hyperazidität 70
Hyperhidrosis 40, 46, 49, 82, 104
Hyperkeratose 49, 52, 60, 112
Hyperthyreose 106
  vegetative Form 77
Hypertonie 25, 46, 56, 82
  nervöse 79
  renale 80, 98
Hypomenorrhö 21, 39
Hypotonie 20, 73, 76

Ikterus 94, 104
Impfungen
  Folgen von 29, 109
Infektanfälligkeit 21, 109
Irritabilität
  Reizung der 30

Juckreiz 32, 46, 49, 52, 82, 94

Kallusbildung
  mangelhaft 59
Karbunkel 53, 62
Karies 114
Katarakt 45, 60
Katarrh 16, 34, 66
  der Atemwege 24
  des Darmes 22
  fibrinös 84
  Ohren 94
Keuchhusten 32, 35, 66, 78
Kieferanomalien 28
Kiss-Syndrom 33, 61
Kitzelhusten 66
Klimakterische Beschwerden 40
Knochenbruch 57
Knochenwachstum
  gestört 59
Koliken 32
Kollapsneigung 20
Kongestionen 25
Konjunktivitis 36
Konstitution 89
  rheumatische 44
Konstitutionstherapie 89
Konzentrationsstörungen 21, 76, 77, 79
Kopfschmerz 21, 33, 40, 79, 82, 94, 98
  hepatogen 104
Koronare Herzkrankheit 43
Krampfadern 17, 43
Krämpfe 25, 30, 47, 82, 95, 98
Krampfhusten 66
Kropf 109
Kugelurate 46

Laryngitis
  kruppös 28
Lebererkrankungen 102
Leber-Galle-Syndrom
  hyperkinetisches 70
Leberschwellung 16
Leberstauung 104
  cardiale 56
Lichtempfindlichkeit 32, 78
Liderschlaffung 112
Lidrandentzündung 52, 63
Lidränder
  gerötet 20
Lidzuckungen 32
Lithiasis 104
Lumbago 47
Lungenblähung 112
Lungenemphysem 42, 60
Lymphadenitis 29
Lymphangitis 29
Lymphangitis mesenterialis 17, 91, 108
Lymphdrüsen
  Schwellungen 26, 29, 36, 61, 108
  Verhärtungen 26, 29, 61, 90, 108

Lymphödeme 108
  im Abdomen 17
Lymphokard 54, 166
Lymphsystem
  Stauungen im 106, 112

Magenanämie 20
Magenatonie 112
Magenerschlaffung 16
Magenerweiterung 72
Magengeschwür 68, 73
Magenschwäche 20
Magensenkung 60
Mastdarmerschlaffung 16
Mastoiditis 28, 60, 108
Megakolon 16
Mensesstörungen 79
Meteorismus 16, 24, 69, 70
  spastischer 32
Migräne
  Urogenital- 39
Milchschorf 28, 52, 108
Milzdellen 16
Milzschwellung 16
Miosis 112
Mittelohrhydrops 28
Mittelohrschwerhörigkeit 28
Morbus Crohn 24, 32, 85, 108
Morbus Parkinson 33, 76
Morbus Raynaud 43, 76
Morbus Scheuermann 109
Müdigkeit 21
Multiple Sklerose 79
Mundgeschmack
  bitter 70
  sauer 70
Mundwinkelrhagaden 16, 73
Muskelerschlaffung 111
Muskelgicht 47
Muskelkater 25, 43, 47, 111
Muskelrheuma 47
Muskelschwäche 61
Muskelschwund 76, 113
Muskelzuckungen 79
Mydriasis 112
Myokard 54
Myositis 37, 111

Nagelbrüchigkeit 48, 60, 112
Nagelmykosen 53
Narbenkeloide 53, 60
Nasenatmung
  Störung der 28
Nekrosen
  aseptische 59, 109
Nephritis 37, 81, 95
Nephrolithiasis 37, 47, 82, 95, 98
Nervenentzündungen 46
Nervenschwäche 30, 76, 79
Neuralgien 46, 75, 76, 79
Neurasthenie 40, 76, 77
  sexuelle 74
Neuritis 36
Neurodermitis 36, 50
Neurokard 54
Nierenerkrankungen
  chronische 98
Niereninsuffizienz 82
Nierensteine *siehe* Nephrolithiasis
Nystagmus 78

Obstipation 24, 85, 94, 104
  atonische 16, 73
  spastisch 32, 69
  Tonusmangel 14
Obstruktionen 42
Ödeme 56, 80, 95, 97, 105
  Augenlider 97
  Gesichts- 97
Organneurosen 76, 79
Osteochondrose 29, 47
Osteomalazie 59
Osteoporose 21, 29, 47, 57
Otalgie 32
Otitis media 28, 108
Otosklerose 42, 60
Ovarialzysten 40
Oxygenoidismus 77
Ozäna 85

Palpitatio cordis 25, 33
Pansinusitis 84
Parästhesien 32
Parkinsonismus 33, 79
Parodontose 116
Periostitis 37, 61
Pfeiffer-Drüsenfieber 29, 109
Plethora
  venöse 104
Polymyalgie 37
Polypen 28, 84
Polyurie 101
Potenzstörungen 21, 39
Prämenstruelles Syndrom 25, 39, 47, 79, 82
Proktitis 17, 24, 36, 46, 85, 94
Proteinurie *siehe* Eiweißharnen
Psoriasis 36, 46, 50, 60, 82, 104
Pyelonephritis 82, 98
  subakute 81

Rachenmandelhyperplasie 28
Rachitis 26, 59
Refluxösophagitis 16, 24, 70, 73
Reizbarkeit
  sexuelle 76
Reizblase 33, 39, 76, 95, 101
Rekonvaleszenz 18
  verzögerte 76
Retinopathie 42, 45
Rhagaden 52
Rheumatischer Formenkreis 80
Rheumatoide Beschwerden 25
Rhinitis 35
Rhino-Laryngitis 66
Roemheld-Syndrom 14, 15, 25, 56, 70, 73, 94, 104

Schädel-Hirn-Trauma
  Folgen von 76
Schielen 112
Schilddrüse
  Jodaufnahme 90
Schilddrüsenstörungen 106
Schilddrüsenvergrößerung 29, 109
Schlafstörungen 21, 56, 79
  nervöse 33, 76
Schleimbeutel
  alte Ergüsse 61
Schleimhäute
  trocken 84
Schleimhautpolypen 109
Schleimhautreizungen
  durch Metaboliten 92
Schleimhautschutz 83
Schluckauf 32, 79
Schrumpfniere 81
Schulkopfschmerzen 76
Schuppen 52
  fettige 25
Schwäche
  allgemeine 75
  reizbare 21
Schwangerschaftsbeschwerden 85, 86, 104
Schwangerschaftserbrechen 87, 88
Schweiße
  entlastende 16
  übelriechend 25, 94
Schweißneigung 52, 94
Schwindel 16
  Alters- 42
Sehstörungen 104
Selbstvergiftung 15
Senkfuß 59, 113
Senkmagen 72
Sensibilität
  Reizung der 30
Silikose 42, 60, 66
Sinusitis 35, 84
Skleren
  blass 20
Sklerodermie 52, 60
Skleroseneigung 60
Skoliose 59
Skrofulose 26, 90, 107
Sludgephänomen 46
Sodbrennen 69
Spreizfuß 59, 113

Stauungen
lymphatische 17, 95
lymphatisch-venöse 14
Stauungsgastritis *siehe* Gastritis
Stauungshepatitis 104
Stauungsleber 98
Striac 87
Subikterus 104

Tachykardie 20, 79
Thromboseneigung 55
Tinnitus 60
Tonnenzähne 60, 115
Tonsillitis 35, 36, 64
Torticollis 33
Trichterbrust 109
Tubenkatarrh 67

Ulcus cruris 43, 64
Ulkusneigung 43, 62, 72
Urtikaria 52

Varikosis 112
Venenentzündung 36
Venenerschlaffung 17, 43
Verdauungsschwäche 20
Verspannungen 111

Wassersucht 96
Wechseljahrsbeschwerden 95, 98
Wirbelsäulensyndrome 47
Wundheilungsstörungen 20
Wurmbefall 28, 46, 70, 108

Xanthelasmen 24

Zahnanomalien 28
Zahnfleischtaschen 116
Zahnungsprobleme 114
Zahnzerfall 60, 114
Zuckungen 33